# 大学计算机软件应用实验教程

## ——多媒体技术与应用实验教程

**主　编**　言天舒　刘　强　彭国星
**副主编**　刘泽文　许赛华　田　源
　　　　　曾志高　袁　义　唐黎黎
　　　　　王　皓

U0332101

中南大学出版社
www.csupress.com.cn

# 内容简介

　　本书是根据教育部高等学校计算机基础课程教学指导委员会编制的"高等学校计算机基础教学发展战略研究报告暨计算机基础课程教学基本要求"和"高等学校计算机基础核心课程教学实施方案"编写而成的。本书以培养学生动手能力,掌握计算机基础应用技能为目的。全书根据教学基本要求安排了42个实验,每个上机实验指导都设有"实验目的""实验环境""实验内容和步骤""课后思考与练习"。

　　本书不仅可作为《大学计算机软件应用基础》配套的实验指导书,也可作为高等学校"多媒体技术"课程的教学参考书,同时还可以作为从事计算机应用的科技人员的参考书。

# 前　言

大学计算机软件应用实验教程是一门实践性很强的计算机课程，涉及的知识面很广，学生对知识的掌握与能力的培养在很大程度上依赖于上机实践。本书作为《大学计算机软件应用基础》配套的实验指导书，主要是加强实践教学环节，对理论知识进行有效的补充。

本书是根据教育部高等学校计算机基础课程教学指导委员会编制的"高等学校计算机基础教学发展战略研究报告暨计算机基础课程教学基本要求"和"高等学校计算机基础核心课程教学实施方案"编写而成的，所涉及实验内容丰富、覆盖面广，目的是帮助学生对主教材的内容加深理解，培养学生的实际操作能力。全书共分为42个实验，主要实验内容包括常见多媒体软件的使用、数字图像采集与处理、音频采集与处理、视频采集与处理、计算机动画制作技术、网页制作基本知识等。

本书涉及的计算机应用知识面很宽，并循序渐进、由浅入深，可以满足不同学时的教学和适应不同基础的学生。在实验顺序方面，大多数实验项目并没有严格的先后次序，教学中可以根据实际情况有所取舍和调整。

为方便教学与学习，本书免费提供教材所有电子版素材，读者可以在网站 http://jsjjc. hut. edu. cn 中下载，也可直接联系作者(hutjsj@163.com)。

本书由言天舒、刘强、彭国星主编，刘泽文、许赛华、田源、曾志高、袁义、唐黎黎、王皓参与了编写，言天舒、刘强、彭国星负责全书的统稿工作。

本书不仅可作为《大学计算机软件应用基础》配套的实验指导书，也可作为"多媒体技术"课程的教学参考书。由于本书编写的时间十分紧迫，书中难免有不妥之处，恳请读者批评指正。

编　者
2016 年 1 月

# 目　录

# 第 1 章　预备知识

## 1.1　多媒体软件应用实验特点

### 1.1.1　多媒体素材文件的特点

#### 1. 信息类型多、格式多、数据量大

多媒体信息类型包括文本、图形、图像、音频、动画、视频等多种类型。每一种类型的信息来源又多种多样，如通过信息采集、利用软件制作、网上下载等。这在客观上形成了多种多样的多媒体文件格式，每种文件格式有各自的特点。例如数码相机拍摄的专业图片格式是 RAW，网络上流行的图片格式有 PNG、JPG 和 GIF，微软操作系统中自带的画图软件的默认格式是 BMP。

随着多媒体技术的发展，多媒体信息的应用越来越普及，与之对应的数据量也越来越大。比如现在网络上的信息量，每天都有大量的多媒体的信息上传，这些多媒体信息的数据量就会越来越大，带给人们海量的信息。

#### 2. 硬件配置要求高，品种多

随着对多媒体信息的要求提高，如从音质上追求高保真，从画面上追求 3D 立体成像，对硬件设备的配置要求就越来越高。如要有更快速度的信息处理设备、容量更大的存储设备、更专业的采集设备和播放设备，这也导致多媒体硬件的品种越来越多，以适应不同层次、不同效果的要求。硬件配置的高低，相当程度上决定了多媒体作品的质量好坏。

#### 3. 使用的软件品种多

对于不同的多媒体信息，计算机处理时常常需要用到多种软件。如处理音频，大分类就有音频录制软件、音频编辑软件、音频播放软件，而每一类中根据要求，又会有多种软件供选择，有免费的也有收费的，有功能全面的也有功能简单的。根据需要挑选合适的软件，是制作多媒体作品的必要保证。

### 1.1.2　多媒体实验策略

不同类型的实验侧重点不同，实行的实验策略也不同。

#### 1. 不同类型的实验侧重点

验证性实验的侧重点是对实验方法和步骤的掌握，反复操作，掌握实验软件的基本操作方法和使用技巧。

设计性实验的侧重点是确保实验方案和调试方法有效，保证实验有效进行。

综合性实验的侧重点是体现重点功能。

模块化实验的侧重点是体现层次性。

**2. 实验软件的选用策略**

在多媒体软件的选用上，首先考虑的是能在已有的硬件条件下可靠地运行，功能够用，操作简单。

有多种软件选用时，尽量选用大公司开发的、运行稳定而且流行的软件，如选用 Adobe 公司的系列软件处理音频、图像。

**3. 多媒体素材的使用策略**

应选用存储空间占用少、适用环境不复杂、加工处理方便的多媒体素材。

# 1.2  获取多媒体素材

## 1.2.1  实验目的

（1）掌握用软件获取视频。

（2）掌握用软件录制屏幕。

（3）学会下载网络免费多媒体素材。

## 1.2.2  实验环境

（1）联网的计算机。

（2）维棠 FLV 视频下载软件。

（3）屏幕录像专家软件。

## 1.2.3  实验内容和步骤

### 1. 维棠 FLV 视频下载软件的基本操作

维棠（ViDown）是针对 FLV 视频分享网站的特点，由维棠开发小组共同开发的一套专用于 FLV 格式视频真实地址分析以及下载的软件。这款软件是免费的软件，是专门针对 YouTube、土豆网、56 网以及 Mofile 网等最火热的视频分享网站的 FLV 格式视频的真实地址的分析及下载。利用维棠 FLV 视频下载软件，用户可以将播客网站上的 FLV 视频节目下载，保存到本地，避免了在线观看等待时间太长的麻烦；同时也为用户下载收藏喜欢的播客视频节目提供了方便。下面以维棠 2.0.4.5 版本为例学习视频下载软件的基本功能。

（1）维棠的安装和基本设置

①维棠的官网网址是 www.vidown.cn，可到官网下载安装程序，也可到安全有保障的软件下载网站下载，如百度软件中心（rj.baidu.com）、太平洋电脑网（www.pconline.com.cn）等网站下载。维棠官网首页如图 1-1 所示。

②打开下载好的维棠安装程序，并按照提示进行安装。安装结束后，运行维棠，出现如图 1-2 所示的窗口界面。

图 1-1　维棠官网首页

图 1-2　维棠 FLV 视频下载软件界面

③点击主菜单右边按钮 ▾，用户可根据使用习惯，选择"系统设置"，可进行一些基本设置，其中包括常规、下载设置、视频任务、代理、提醒等设置。常规设置界面如图 1-3 所示，设置好后点击"确定"回到图 1-2 所示的界面。

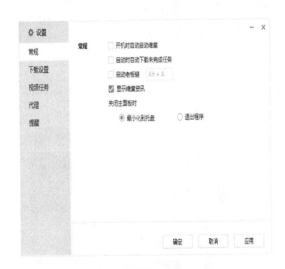

图 1-3　维棠的常规设置窗口

图 1-4　对着视频击右键出现的菜单

(2)用维棠下载 FLV 视频

①找到需要下载的视频，打开它，然后在 IE 地址栏里复制视频所在的地址。或者对着视频右击，从显示的菜单中选择"复制视频地址"，如图 1-4 所示。

②在维棠首页界面点击"新建"，出现"新建任务"对话框，如图 1-5 所示，刚复制的地址将自动粘贴在"下载链接"输入框。对话框中的"保存路径"已经有默认的位置，也可以改选保存视频的位置。点击"立即下载"则开始下载。

③点击图 1-2 中上边的"下载中""已完成"或"回收站"，可以查看视频的相关情况。图 1-6 所示是"下载中"的界面。

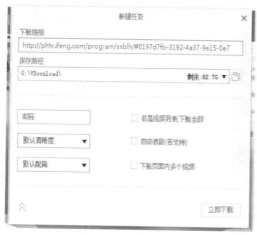
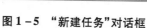

图1－5 "新建任务"对话框　　　　　图1－6 "下载中"界面

（3）在 IE 中添加"用维棠下载视频"菜单

运行维棠，在主菜单中选择"系统设置"。在弹出的窗口中点选左边的"下载设置"，右边勾选"浏览器右键菜单添加任务后立即下载"，如图1－7所示，确定后重启 IE。

找到要下载的视频，在页面的空白处点击右键，选择"利用维棠下载视频"，启动维棠对视频真实地址进行分析并下载。

（4）播放下载后的视频

①在主菜单的上边"已完成"列表中选择要观看的视频。

②双击要播放的视频，即可自动调用系统默认的播放器进行观看，如图1－8所示。

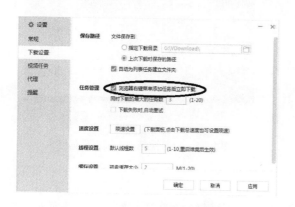

图1－7 在 IE 右键里添加下载菜单　　　　图1－8 播放已下载的视频

### 2. 屏幕录像专家软件的基本操作

"屏幕录像专家"是一款专业的屏幕录像制作工具，由屏鹿软件工作室发布。这款软件可以轻松地将屏幕上的软件操作过程、网络教学课件、网络电视、网络电影、聊天视频、游戏等录制成 FLASH 动画、WMV 动画、AVI 动画、FLV 视频、MP4 动画或者自动播放的 EXE 动画，也支持摄像头录像。录像的同时可以录制，并支持 Windows 下声音内录。此软件是制作各种屏幕录像、软件教学动画和教学课件的首选软件，如图 1 - 9 所示是此款软件的官方网站的发布界面。

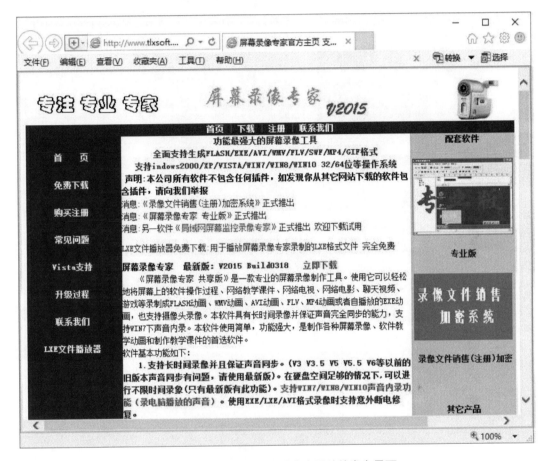

**图 1 - 9　屏幕录像专家的官方网站的发布界面**

屏幕录像专家是收费软件，需要购买并注册，官网有试用版供用户免费试用，但有功能限制，所录像也会有"未注册"字样。下面以屏幕录像专家 V2015 版为例学习软件的基本功能。

屏幕录像专家的安装和基本设置如下：

①下载屏幕录像专家，并按提示安装。

②打开屏幕录像专家，将会有两个界面，一个是屏幕录像专家界面，如图 1 - 10 所示，同时还有一个向导的界面，如图 1 - 11 所示。向导界面有详细的建议操作步骤，初学者可以根据需要，点击要用的功能，然后根据提示操作。

③如图 1 - 10 所示，在录制之前可以设置"基本设置""录制目标""声音"等。

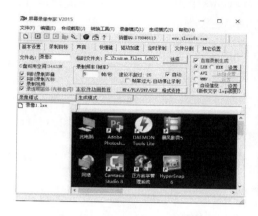 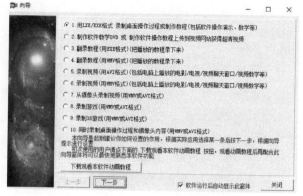

图1-10　屏幕录像专家主界面　　　　图1-11　屏幕录像专家"向导"对话框

④设置好后，点击键盘上的F2键或如图1-12所示 ▣ 按钮，则出现如图1-13所示的提示框，点击"确定"，则开始录制了。

⑤要终止录制，再点击键盘上的F2键。

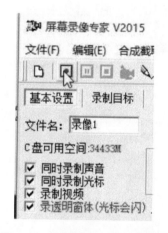

图1-12　屏幕录像专家的录制键　　　　图1-13　屏幕录像专家"提示"框

### 3. 下载免费的多媒体素材

网络上有海量的多媒体素材，许多多媒体素材都可以免费下载。以下就介绍几个较好的素材网。

（1）免费图片的下载网站

①打开百度网页，首页中点击"图片"，如图1-14所示。

②百度的图片已经分类，找到自己需要的图片，将鼠标移到图片上，图片右下角出现下载的图标，如图1-15所示，点击就可以下载。直接点击图片，出现左右翻页图片的界面，如图1-16所示。

图 1-14 进入百度的"图片"库

图 1-15 百度图片首页

③直接对着想要下载的图片击右键,在出现的功能菜单下选择"图片另存为",也可以下载图片,而且这种下载方式可以选择图片保存的位置,如图 1-17 所示。

④百度搜索关键字"图片素材",可以搜到大量免费的素材网站,如"昵图网"等。

图 1 – 16　左右点击查看图片界面

图 1 – 17　"另存为"对话框

（2）免费音频素材下载网站

网络上可以搜到大量的音频素材。音频素材和图片素材一样，按照分类去搜索，也可直接到知名的音频素材网去找音频，比方找各种自然声音的音频，可以到"音效网"。"百度音乐"中有大量的音乐文件可供下载，找到下载键，按提示操作即可。

### 1.2.4　课后思考与练习

（1）利用维棠 FLV 下载视频，有时会出现下载不了或 IE 右键没有"用维棠下载视频"功能，为什么？

（2）屏幕录像专家可以录制 LEX 和 EXE 格式，这两种格式有什么不同，可以转换吗？还有一些什么录制格式，各有什么特点？

# 1.3　多媒体文件的保存与发布

### 1.3.1　实验目的

（1）熟悉刻录机的使用。

（2）认识并了解刻录软件——Nero。

（3）全面掌握 Nero 的刻录功能。

### 1.3.2　实验环境

（1）微型计算机。

（2）Windows 操作系统。

（3）Ahead Nero6。

### 1.3.3　实验内容和步骤

#### 1. 刻录机的使用

刻录机，即 CD – R，是英文 CD Recordable 的简称，我们通常可以使用刻录机来刻录音像光盘、数据光盘、启动盘等。刻录机和光驱是有区别的，刻录机最核心的功能是刻录，相对光驱而言，刻录机的读取功能是非常薄弱的，速度也是非常慢的。它的内部结构决定了它不适宜进行读取操作。倘若经常进行读取操作，会极大地破坏刻录机的光头，从而造成在刻录时发生数据定位错误等问题，直接导致刻录失败，既浪费了刻录盘，又影响了刻录机的正常寿命。

如果需要经常使用刻录机来读取 CD 的话，我们建议：先把 CD 盘放到刻录机里，用 Nero 等刻录软件进行模拟刻录，制作一个 ISO 文件保存到电脑上，再用金山模拟光驱等软件进行读取，这样能有效减少刻录机的读盘时间，并且有利于延长刻录机的寿命。

#### 2. 关于 Nero 软件

Nero 是 Ahead 公司出品的"老字号"刻录软件，支持的刻录机和刻录种类繁多，并支持多国语言。除了齐全的刻录功能外，Nero 还集成了音频转换、数据备份、音频编辑、虚拟光驱、光盘封面制作等功能。这些功能使得用户在操作使用软件的过程中更加得心应手。Nero 同时拥有经典界面 Nero Burning ROM 和易用界面 Nero Express。下面我们就以 Nero 的经典界面为例说说如何使用 Nero 刻录不同类型的光盘。

（1）下载安装 Nero Burning ROM，打开 Nero，弹出"新编辑"对话框，在对话框左上方选择刻录的光盘类型（CD 或是 DVD），如图 1 – 18 所示。

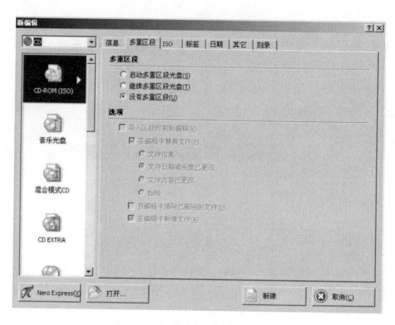

**图 1 - 18　刻录文件类型选择**

（2）使用 Nero 刻录 CD - ROM( ISO)

第一步：在"新编辑"窗口下选择"CD - ROM"类型。

第二步：切换到"刻录"设置选项，选择刻录速度及刻录方式。

第三步：点击"新建"按钮，弹出界面，如图 1 - 19 所示。在文件浏览器中找到要刻录的

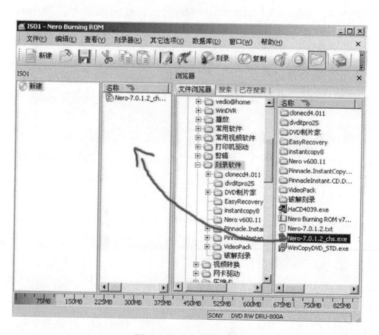

**图 1 - 19　新建刻录**

文件，直接将选中的文件拖放到新建区域就可以了，然后点击工具栏上的"刻录"按钮，就进入 CD 光盘的刻录进程了。

（3）使用 Nero 刻录音乐光盘

第一步：在"新编辑"窗口下选择"音乐光盘"类型。

第二步：点击"新建"按钮，弹出界面。

第三步：在文件浏览器中找到要刻录的音乐文件，一首一首地拖到音乐区域后，Nero 会自动排序，如图 1-20 所示。如果拖放的音乐文件不是 Nero 支持的音乐文件格式，Nero 的自动侦测文件功能就会提示文件类型出错。

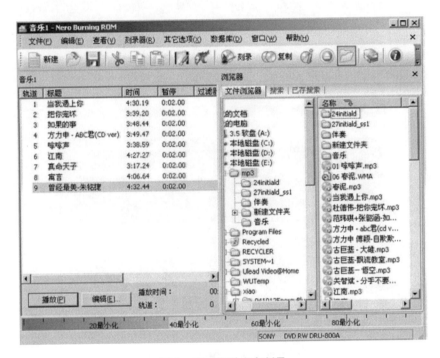

图 1-20   音乐光盘刻录

第四步：在音乐区域内选择文件，点击右键"属性"，打开"音频轨道属性"设置对话框，可以对音乐文件添加特殊效果。"轨道属性"选项可设置如标题、演唱者以及与下首音乐之间的时间间隔（也就是暂停）等，如图 1-21 所示。

"索引、限制、分割"选项可对音乐进行编辑，如从什么时候开始什么时候结束等，如图 1-22所示。"过滤器"选项则可以对所选定的音乐加入一些音频特效，如图 1-23 所示。

第五步：属性设置完毕后，点击"确定"，回到主界面后再点击工具栏上的"刻录"按钮就可以进行刻录了。在刻录音乐 CD 时最好把刻录速度放慢点，这样刻出来的 CD 才不容易产生爆音。

（4）使用 Nero 刻录复制光盘

第一步：在"新编辑"窗口下选择"CD 副本"。

第二步：选择"读取选项"，弹出界面，在"快速复制设置"选项里选择要复制的原光盘类型，这样 Nero 会自动把相关内容设置成与所选类型最匹配的环境。

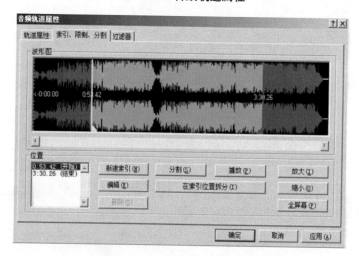

图 1 - 21　音频轨道属性

图 1 - 22　索引、限制、分割属性

图 1 - 23　过滤器属性

第三步：选择"复制选项"，对光盘复制做基本设置。

第四步：设置完毕后，点击"复制"按钮就可以进行光盘复制了。

（5）使用 Nero 刻录视频（VCD、DVD 等）

第一步：在"新编辑"窗口下选择"Video CD"。

第二步：在"Video CD"选项中设置编码分辨率，根据视频文件的制式，中国和欧洲地区的都可选 PAL，美国和日本等地区的选 NTSC。在新版的 Nero 中加入了启动菜单设置这一个性设置选项。

第三步：在其他选项卡上根据需要进行设置，设置完毕后，点击"新建"按钮，弹出视频刻录窗口。

第四步：选择符合标准的视频文件 VCD，右键点击，按顺序将文件拖放到 VCD2 区域。

第五步：选择符合标准的图片文件 MPEG，右键点击，按顺序拖放到 VCD2 区域。Nero 支持把图片文件也转换成 VCD 视频。在 VCD2 区域，选中图片文件，点击右键，选择"属性"对图片进行设置，添加特殊效果，如图 1 - 24 所示。

图 1 - 24　图片特殊效果设置

第六步：设置完毕后，点击"确定"后刻录即可，刻 VCD 的刻录速度也不要选得太高以免产生马赛克现象。

（6）映像文件的刻录（ISO）

第一步：打开 Nero 主界面，点击"刻录器"菜单，选择"刻录映像文件"。

第二步：弹出"打开文件"对话框，选择要刻录的映像文件，点击"打开"，弹出"刻录编译"窗口，如图 1 - 25 所示。

第三步：在"刻录"选项中设置写入速度及写入方式等，点击"刻录"按钮即可。

### 1.3.4　课后思考与练习

（1）有时候，为什么我们刻好的光盘不能光驱启动？

（2）如何使用 Nero 刻录高质量的 DVD？

（3）网盘，又称网络 U 盘、网络硬盘，是由互联网公司推出的在线存储服务，向用户提供文件的存储、访问、备份、共享等文件管理功能。用户可以把网盘看成一个放在网络上的硬

**图 1 - 25　映像文件刻录**

盘或 U 盘，不管是在家中、单位或其他任何地方，只要连接到因特网，就可以管理、编辑网盘里的文件。网盘不需要随身携带，更不怕丢失。

请在线申请一个网盘，并成功上传文件和下载文件。

# 第 2 章　数字图像的采集与处理

## 2.1　扫描仪的使用

### 2.1.1　实验目的

(1)会正确连接扫描仪。

(2)会使用扫描仪上的各种按键。

(3)掌握扫描仪的参数设置及区域设定方法。

### 2.1.2　实验环境

(1)微型计算机。

(2)扫描仪。

(3)Windows 操作系统。

### 2.1.3　实验内容和步骤

#### 1.扫描仪概述

扫描仪是一种将静态影像转为数字影像的设备。目前市面上较常见的扫描仪是平台式的,使用方式有点类似复印机,不同的是它能将捕捉到的文件或影像,经过数字化处理,使其储存于计算机中。如今扫描仪世界可谓"乱花渐欲迷人眼",各种玲珑时尚的扫描仪将扫描世界装点得五彩缤纷。下面我们简单介绍一下扫描仪。

(1)扫描仪的种类

现在只要说到扫描仪,一般人就会想到平台式扫描仪。事实上,扫描仪种类还有不少。在形式上,也会根据不同使用领域而发展出对应的机型。一般来说,主要有以下几种:

①掌上型扫描仪

早期的扫描仪,国内一般称为手持式扫描仪,它通过在扫描文件上等速度移动扫描仪进行工作。其特点为体积小,易于携带。不过,缺点是扫描范围比较小,由于手移动的速度不稳定,一般的扫描结果比较糟糕。

②馈纸式扫描仪

这种扫描仪以固定光源配合自动进纸装置扫描文件。其优点为自动读纸、一次多张输入;缺点则是容易夹纸,而且这种扫描仪是通过将纸卷入的方式进行扫描,类似于目前打印机,都必须将纸张一一卷入再打印出来,所以只适用于扫描单张文件。

③平台式扫描仪

平台式扫描仪可扫描各种各样的源稿，只要能放在平台式扫描仪玻璃上的对象都可以扫描。目前它几乎独霸扫描仪市场，由于高速、稳定的图像品质，加上低廉的价格，现在成为最普及的图像输入设备之一。

④底片扫描仪

底片扫描仪是专为正负底片所设计的专业扫描仪，也有人称为菲林扫描仪。底片扫描仪单价较高，扫描又仅限 35 mm 正/负片，多用于专业桌面排版领域。

⑤滚筒式扫描仪

滚筒式扫描仪为专业的扫描仪，采用圆柱型滚筒设计。扫描时图像对象水平置于圆柱表面依轴心转动，圆柱表面可完全覆盖所要扫描的文件。

（2）扫描仪的外部结构

实际上，不管什么类型的扫描仪，其结构都大同小异。但大多数人对扫描仪的结构可能不是十分了解，下面就以方正 F5580 扫描仪为例，一起来简单了解一下扫描仪的外部结构。

①控制按键和指示灯

大部分扫描仪都会在前侧设计一些控制按键和指示灯，如图 2 - 1 所示，其前侧有五个造型精美的功能按键，从左至右分别是：Copy（复印）、E - mail（电子邮件）、Scan（扫描）、Fax（传真）、OCR（识别）按键。

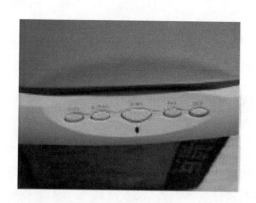

**图 2 - 1　功能按键**

在这五个功能按键的下方是电源指示灯，绿色 LED 灯亮表示电源接通。对用户来说，安装好驱动程序后，只要轻轻一按快捷功能键，便可直接彩色复印、传送电子邮件、扫描、传真或识别文字。下面我们对 Copy、E - mail 和 OCR 按键做具体介绍。

● Copy 复印按键

Copy 按键使扫描仪和打印机结合变成复印机。只要按下 Copy 键，扫描的文件或图像即直接传送至打印机复印出来。

**注意**：打印机硬件和驱动程序必须事先安装好，扫描仪的 Copy 按键才能起作用。

参考步骤：

第一步：将文件或图片面朝下放置在扫描仪的玻璃上。

第二步：按下 Copy 按键，将打开"复印功能程序"对话框，如图 2 - 2 所示。

第三步：在对话框顶端的下拉列表框中选择使用的打印机。

第四步：在纸张大小的下拉列表框中选择想要扫描的范围。也可勾选"自动剪裁"复选框，让扫描仪程序自动辨认扫描图像大小，进而自动框选扫描范围。剪裁框的形状不是正方形就是矩形，无法框认不规则形状的图像。这个指令在扫描较小图片如照片时非常实用。

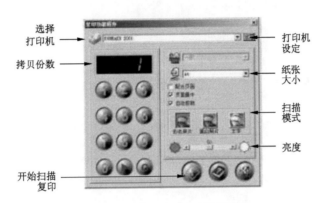

**图 2 – 2　"复印功能程序"对话框**

第五步：选择适当的扫描模式：图标由左至右排列为"彩色照片""黑白照片"或"文字"，并调整好亮度、拷贝份数等。

第六步：按下开始扫描复印键即可开始扫描复印。

● E – mail 电子邮件按键

E – mail 按键可以轻松便利地扫描文件或图像，接着以电子邮件方式传送给同事或亲朋好友。

参考步骤：

第一步：将文件或图片面朝下放置在扫描仪的玻璃上。

第二步：按下 E – mail 按键。

第三步：当"电子邮件功能程序"对话框（如图 2 – 3 所示）开启后，扫描仪将自动进行校正和预扫，接着扫描图像会出现在右边的预览区域。利用鼠标拖拽扫描边框来设定预扫描的区域。

第四步：从档案格式的下拉列表框中选择相应的档案格式。

第五步：选择适当的扫描模式，并调整好分辨率、亮度、对比度、Gamma 值以及是否去网纹。

第六步：按下扫描至电子邮件按钮 即开始扫描文件或图片。

扫描仪上的文件或图像随即被扫描，扫描得到的图像作为新邮件的附件发送到了电子邮件中。

● OCR 光学文字识别按键

为了节省录入的时间，可以利用 OCR 文字识别软件来扫描印刷文字稿件，然后再转换成电子文档，可供文字处理软件进一步浏览、编辑和储存。

参考步骤：

第一步：将文件放在扫描仪的玻璃上。

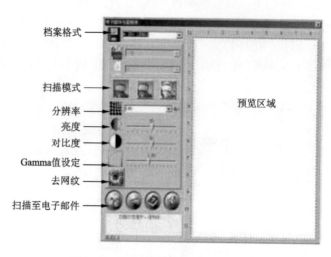

档案格式

扫描模式

分辨率
亮度
对比度
Gamma值设定
去网纹

扫描至电子邮件

预览区域

**图 2-3  "电子邮件功能程序"对话框**

第二步：按下 OCR 按键。

第三步：进入 OCR 程序界面，按 [扫描] 按钮。

第四步：在随即弹出的对话框中选择"文字"扫描模式，并将分辨率设为 300 dpi（或以上）。接着按"预扫"按钮。

第五步：视需要调整扫描范围，然后按 [扫描] 按钮，扫描后的图像自动进入 OCR 程序内。

第六步：在 OCR 的界面上，可进行各种识别前处理，如划分识别区域、改变识别顺序及对图像中杂点的清除，还可进行图像旋转、自动识别、文字切分、文字纵横排列、放大缩小、界面显示方式等设定。处理和设定完毕后视文件语言在 [可选字集] 下拉列表框中选择相应的字集。

第七步：接着按 [识别] 按钮，出现"正在识别…"画面，等待完成。按结果标记，对识别后的文件进行校对，上方为识别结果，下方为原始文件，在上方或下方任意点选，光标或圈选框会跑到相关位置，非常方便做校正。

第八步：所有由文字识别软件扫描的稿件，可以储存到文字编辑软件内。将校对后的文稿保存为文档编辑软件可开启的格式，如 *.rtf、*.txt、*.csv、*.html 等格式。

②表面玻璃

拉起扫描仪盖板，可以看到扫描仪的真面目，上方是扫描仪的白色盖板，下侧是表面玻璃，要扫描的文稿等都是放在这块表面玻璃上，盖下扫描仪盖子即可进行扫描。使用过程中，要保证玻璃镜面的干净，因为它会直接影响扫描效果，扫描前最好先将扫描仪的玻璃镜面擦拭干净，确保扫描品质。最后要提醒大家一点，擦拭光学玻璃要用柔软、干净的布，否则划伤了光学玻璃，那就后悔莫及了。

③镜头锁

为保证运输中扫描镜头组件的安全，扫描仪都设计一个镜头锁（如图 2-4 所示），出厂时一般会默认锁定，因此第一次使用时必须解除扫描组件锁定状态，以免损坏组件和电机。方正 F5580 扫描仪的镜头锁位于表面玻璃的左上部。

④扫描仪的后部

扫描仪的后部一般由各种各样的接口组成，不同的扫描仪，会有不同的接口组件。从图 2 – 5 中可以看出这台扫描仪采用 USB 接口。市面上扫描仪多种多样，接口可能有并行接口、SCSI 接口。采用并行接口的扫描仪早已被淘汰，而采用 SCSI 接口的扫描仪主要适用于一些高端扫描仪。

图 2 – 4　镜头锁

图 2 – 5　接口

(3) 扫描仪的内部结构

众所周知，扫描仪是一种光、机、电一体化的高科技产品，如果了解了扫描仪的内部结构，会对日常维护工作带来很大帮助。

拆卸时首先必须从盖板拆起。大家要注意，拆卸盖板时，要直接提起盖板，而不要拉起盖板后再提盖板，不然是取不下盖板的。在拆卸外壳之前，先要查看扫描仪的外壳是如何固定的，有些扫描仪是采用螺丝固定的，有些扫描仪是采用免螺丝的设计。图 2 – 6 所示的这台扫描仪在盖板的根部有两颗螺丝，拧开后要注意将外壳接缝处小心地撬开。

图 2 – 6　根部螺丝

图 2 – 7　扫描仪内部

现在，扫描仪内部就赤裸裸地展现在大家眼前，如图 2 – 7 所示。扫描仪主要由光学成像、光电转换和机械传动部分组成。这几部分相互配合，将反映图像特征的光信号转换为计算机可接受的电信号。

①光学成像部分

扫描仪的关键部分，就是通常所说的镜组。扫描仪的核心部件是完成光电转换的光电转换部件。目前大多数扫描仪采用的光电转换部件是电荷耦合器件（CCD），它可将照射在其上的光信号转换为对应电信号。从图 2－8 中可以看到光学成像部分的光源（发光灯管）和 CCD组件。

除核心 CCD 外，其他主要部分还有反光镜、镜头组件，这些可以在反面看到，如图 2－9所示。通常多数 CCD 扫描仪都配置有 3～4 组反光镜。尽管 CCD 扫描仪运用的光学信号传输基本原理是一致的，但各品牌扫描仪产品在反光镜片的安放角度、间距等参数上采取了不同的光路设计。

**图 2－8　发光灯管和 CCD 组件**

**图 2－9　反光镜与镜头组件**

②光电转换部分

这应该算扫描仪的主板，它负责完成一切电路的伺服工作，A/D（A/D 是 Analog/Digital的缩写，也就是模拟信号到数字信号的转换）转换工作。

③机械传动部分

机械传动部分包括步进电机、扫描头及导轨等，主要负责当主板对步进电机发出指令时带动皮带，使镜组按轨道移动。如果你发现扫描仪在使用过程中滑杆移动时有噪音，那可能是滑动杆缺油或是上面积垢了。找一些润滑油在滑动杆上擦一些，增加它的润滑程度，噪音问题就可以基本解决。

**2. 扫描仪的安装与主机接口的连接**

（1）拆卸扫描仪的固定件

打开扫描仪的外包装后，先将扫描仪中残留的绝缘胶带、泡沫材料或各种固定件取下来。为了在运送过程中保护扫描仪，扫描仪还有一个固定螺丝。在安装和使用扫描仪之前，必须先松开固定螺丝（如图 2－10）。在扫描仪中找到锁定螺丝的位置，然后用螺丝起子以逆时针方向旋转。松开时螺丝会被推出一点，其顶部几乎和扫描仪的外壳平齐。

**图 2－10　固定螺丝**

（2）安装扫描仪程序

将扫描仪的 CD－ROM 放入光驱，会自动弹出安装程序窗口，按提示进行安装。安装扫描仪驱动程序后，大家还要注意根据实际需要安装其他配合扫描仪使用的工具软件，如 Photoshop，可以使用它与扫描仪进行配合，进行图片扫描处理。

（3）连接扫描仪

目前扫描仪与电脑的连接方式主要有两种方法：USB 连接、并口连接。

①USB 连接方法

目前 USB 扫描仪几乎是市场上的主流。一方面是速度快，另一方面就是它的安装方法非常简单，没有任何使用经验的用户也能在很短的时间内迅速安装好 USB 扫描仪。具体连接方法如下：

图 2－11　插入电源

第一步：将扫描仪电源线的三脚电源插头插入电源插座里，再将另一端电源插头插入扫描仪背后的名为"PWR"的电源插座里，如图 2－11 所示。

第二步：再将 USB 线的一端插入扫描仪的 USB 插口里，另一端插入主机的 USB 插口里，即完成 USB 扫描仪的硬件安装，如图 2－12 所示。

②并口连接方法

并口扫描仪与 USB 接口扫描仪的主要区别在于并口必须在电脑断电的状态下方可连接。要不然，有可能烧毁硬件，并且电脑也无法识别，只有重新启动以后才能被电脑识别，连接方法如下：

第一步：在连接扫描仪和计算机之前，请确定扫描仪驱动程序已正确安装，然后关闭计算机。

第二步：将扫描仪附带的数据线分别插入扫描仪和主机的相应接口，然后拧紧插头上的固定螺丝，如图 2－13 所示。

第三步：接下来再将扫描仪的电源插上，并将电源线圆形插头插入扫描仪的电源孔即可。

图 2－12　插入 USB 接口

图 2－13　插入并口

第四步：最后打开扫描仪开关，等到面板上的灯停止闪烁后打开计算机电源。

**3. 扫描仪的参数设置**

（1）分辨率

分辨率是以每英寸多少像素点（dpi）来测量的。分辨率越高，图像会越细致。但为了节省内存，又要有良好的图像品质，常用表 2-1 所示进行分辨率的设定。这些推荐值仅供参考，如图像不够清晰，或要观看更多画面细节，则必须提高分辨率。

（2）亮度

所谓亮度是扫描时投射到稿件的光源量。在箭头两端内调整滑动钮可改变亮度，提升亮度会增加图像的白色量，图像会有被"洗掉"的感觉；降低亮度可让较淡或模糊的字迹稍微清晰些。一般是利用高级窗口来调整彩色图像的亮度（即色彩饱和度）。

表 2-1　分辨率设定

| 扫描稿件 | 分辨率 |
| --- | --- |
| 文字（打印用） | 300 |
| 文字（传真用） | 200 |
| 文字（ORC 用） | 300 |
| 黑白或灰阶图像 | 150 |
| 彩色图像或照片 | 150 |

（3）对比度

对比度越高，图像越清晰；对比度越低，图像越模糊。对比调整改变图像的色调值范围，降低中间色调，提升高低两头色调，即提高图像对比度。一般利用对比调整来消除黑白或灰阶扫描时出现的图像噪声或暗影，或是在彩色扫描时"洗净"图像。一般通过移动滑动钮来调整对比度。

（4）灰度级

灰度级用以表示灰度图像的亮度层次范围，它表明了扫描仪扫描时由暗到亮的扫描范围，即扫描仪从纯黑到纯白之间平滑过渡的能力。灰度级越大，扫描层次越丰富，扫描的效果也就越好。目前多数扫描仪的灰度为 256 级，也有一些扫描仪采用 512 级的灰度级。

（5）色彩数

色彩数表示彩色扫描仪所能产生的颜色范围，通常用表示每个像素点上颜色的数据位表示，色彩数越多扫描图像越鲜艳真实。目前一般扫描仪的色彩数为 24bit，30bit，36bit，42bit 或 48bit。

对于普通用户来说，24bit 或 30bit 就足够了，因为一般的文稿或图片本身的质量就不会很高，即使用高色彩位数的扫描仪进行扫描，图像效果也不会提高很多。只有专业图像工作者才会关心高色彩位带来的细微差距。

（6）扫描幅面

扫描幅面表示可扫描图稿的最大尺寸，常见的有 A4、A3 幅面等。

### 2.1.4　课后思考与练习

（1）如果用扫描仪扫描出来的画面颜色模糊，应该怎么处理？

（2）如果用扫描仪扫描后输出图像色彩不够艳丽，应该怎么处理？

# 2.2　文字识别软件的使用

### 2.2.1　实验目的

（1）掌握汉王 PDF Converter 软件的使用方法。

（2）掌握汉王 PDF OCR 软件的使用方法。

### 2.2.2　实验环境

（1）微型计算机。

（2）Windows 操作系统。

（3）汉王 PDF Converter、汉王 PDF OCR。

### 2.2.3　实验内容和步骤

目前国内最常用的文字识别软件有五个：汉王 OCR、清华紫光 OCR、尚书 OCR、蒙恬 OCR 以及丹青 OCR。下面就以汉王为例讲解两个非常实用的应用程序。

**1. 汉王 PDF Converter**

汉王 PDF Converter 是一个快捷高效的 PDF 阅读转换软件。对可检索 PDF 能快速转换为可编辑的 Word 或 Txt 文档。不可检索 PDF 文档能整页以图像方式快速转换到 Word。该软件功能比较单一，操作也简洁明了。如图 2 - 14 所示是 Hanvon（汉王）PDF Converter 的工作界面，它包括标题栏、菜单栏、工具栏、搜索工具栏、页面管理窗口、当前页面显示窗口以及状态栏等。

对可检索的 PDF 文档进行转换时，单击"文件"|"打开"，弹出"打开"对话框，如图 2 - 15所示。在该对话框的下方左边有一个复选框"转换完成后打开文件"，右边有两个按钮："转换为 Rtf 文件"和"转换为 Txt 文件"。Rtf 格式是许多软件都能够识别的文件格式。比如 Word、WPS Office、Excel 等都可以打开 Rtf 格式的文件，这说明这种格式是较为通用的。Rtf 是 Rich Text Format 的缩写，意即多文本格式。这是一种类似 Doc 格式（Word 文档）的文件格式，有很好的兼容性，使用 Windows"附件"中的"写字板"就能打开并进行编辑。它是一个很好的文件格式转换工具，用于在不同应用程序之间进行格式化文本文档的传送。

转换时，如要求整篇文档转换，打开对应的 PDF 文件后可以直接在"打开"对话框中单击"转换为 Rtf 文件"或"转换为 Txt 文件"按钮。如果要求分页转换，必须先单击"打开"按钮，这时在页面管理窗口会显示该文档包含的所有页面，选中需要转换的页面，然后单击"文件"菜单，在弹出的下拉菜单中选择"转换为 Rtf"或"转换为 Txt"命令，如图 2 - 16 所示。

标题栏 →
菜单栏 →
工具栏 →
搜索工具栏 →
页面管理窗口 →

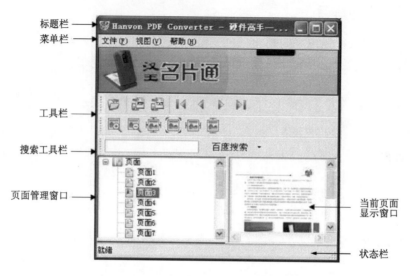

当前页面
显示窗口

状态栏

**图 2-14　汉王 PDF Converter 程序界面**

**图 2-15　"打开"对话框**

　　单击"视图"菜单,弹出的下拉菜单命令(如图 2-17 所示)主要是调整页面显示的大小,是否显示工具栏和状态栏以及重新对窗口进行拆分等。

### 2. 汉王 PDF OCR

　　OCR 是英文(Optical Character Recognition)的缩写,意为光学字符识别。通过光学扫描仪和计算机的配合,OCR 软件将图像数据进行运算分类后,将图像数据转化为计算机内码。它可以极大地减轻数据录入工作的强度、提高数据录入的速度。

　　汉王 PDF OCR V8.1 对软件进行全面升级,是汉王 OCR 6.0 和尚书七号的升级版,是一个带有 PDF 文件处理功能的 OCR 软件;具有识别正确率高,识别速度快的特点;有批量处理功能,避免了单页处理的麻烦;支持处理灰度、彩色、黑白三种色彩的 BMP、TIF、JPG、

PDF 多种格式的图像文件；可识别简体、繁体和英文三种语言；具有简单易用的表格识别功能；具有 TXT、RTF、HTM 和 XLS 多种输出格式，并有所见即所得的版面还原功能。新增打开与识别 PDF 文件功能，支持文字型 PDF 的直接转换和图像型 PDF 的 OCR 识别，既可以采用 OCR 的方式将 PDF 文件转换为可编辑文档，也可以采用格式转换的方式直接转换文字型 PDF 文件为 RTF 文件或文本文件。

图 2-16　"文件"下拉菜单命令

图 2-17　"视图"下拉菜单命令

1）操作界面

要熟练掌握汉王 PDF OCR 的操作，首先必须了解它的界面，其界面主要包括标题栏、菜单栏、工具栏、图像文件管理区、搜索工具栏、候选字区、识别结果区、原图像区以及状态栏等，如图 2-18 所示。

图 2-18　汉王 PDF OCR 操作界面

（1）图像文件管理区：对文件进行管理和整理。

①打开文件：选择"文件"菜单，选择打开图像文件的路径，图像文件便显示在管理区，

或用鼠标将图像文件拖拽到管理区，还可将打开的图像复制、粘贴到管理区。

②删除文件：按键盘上的"Delete"键将文件删除。

③调整文件：选中一个文件或按住 Ctrl 键可以选择多个文件，把文件拖放到要调整的位置。

④文件格式：该软件支持 TIF、BMP、PDF 格式，彩色灰度图还支持 JPG 格式。

⑤文件语言：该软件支持中文简体、英文、混排的简繁体以及混排的中英文。

⑥图像文件重命名：选中文件，点击文件菜单选择格式，可保存成 TIF、BMP、JPG 格式文件（说明：该软件不支持批量图像文件的改名）。

⑦图像文件保存路径：在 `扫描到 g:\测试图库\other\hw0` 中可以设置获取图像文件的路径、名称、格式。如该路径不存在，系统会提示是否创建该路径；如果要选择已存在的某个路径，可以点击"扫描到"按钮，弹出选择路径对话框，选择需要保存图像的路径。

（2）候选字区：修改识别结果时，可以选择候选区的字直接修改当前字。

（3）识别结果区：显示当前图像文件的识别结果。

（4）原图像区：显示当前正在处理的图像。

（5）搜索工具栏：百度、Google 搜索。

2）数据加工流程及具体操作

数据加工可以划分成以下几道工序，如图 2-19 所示。

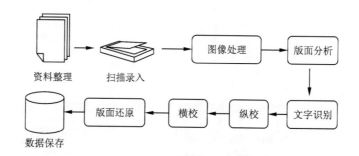

**图 2-19　数据加工流程**

具体操作步骤为：

第一步：安装扫描仪驱动程序

第一次使用扫描仪或者更换扫描仪时，都需要对扫描仪进行驱动安装和设置。请先按照扫描仪使用手册上的步骤正确安装扫描仪，然后打开应用程序，在应用程序界面内，按下"文件"菜单下的"选择扫描仪"命令，选择相应的扫描仪，如图 2-20 所示。

第二步：系统设置

单击"文件"下拉菜单中的"系统配置"命令，将弹出"设置系统参数"对话框，在"获取新图像"选项卡中设置扫描任务的语言。支持的扫描任务语言有：中文简体、简繁混合、纯英文等，如图 2-21 所示。若选中"灰度彩色图像扫描保存为 JPG 格式"复选框，系统会自动将灰度彩色图像扫描保存成 JPG 格式。若选择"识别"选项卡中的"自动倾斜校正"，在版面分析时，系统会自动校正图像文件，如图 2-22 所示。

第三步：获取图像

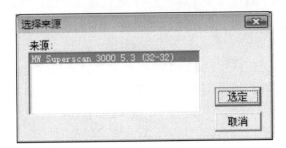

**图 2 – 20　"选择来源"对话框**

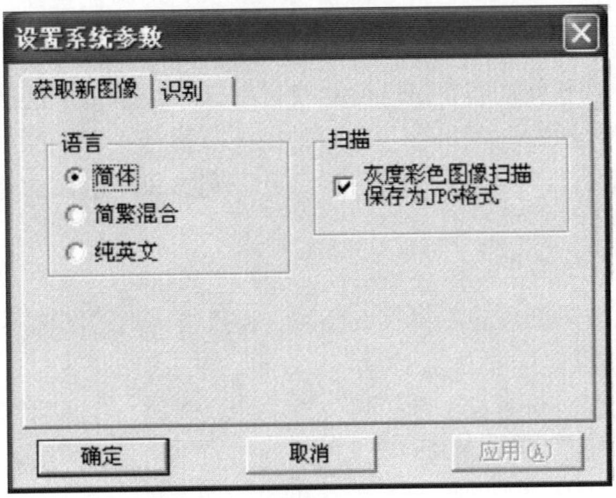

**图 2 – 21　"设置系统参数"对话框**

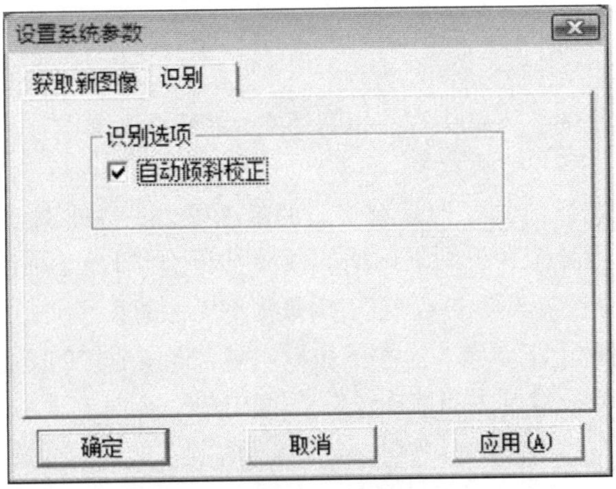

**图 2 – 22　"设置系统参数"对话框**

获取图像有四种方式：通过点击工具栏上的 按钮打开已扫描好的图像文件；通过扫描仪批量扫描文稿；用鼠标将图像文件拖拽到管理窗口；将打开的图像文件复制、粘贴到文件管理器中。

扫描文稿时，先准备好扫描仪，点击工具栏上的 进入扫描程序。将要扫描的稿件放置在扫描仪的适当位置上，在扫描仪配置窗口调整好扫描模式、扫描亮度、扫描精度和纸张大小等。

①扫描模式：该软件支持黑白二值模式、灰度模式以及彩色模式，即选择黑白扫描方式、灰度扫描方式和彩色扫描方式。尽量不要大量采用灰度、彩色扫描模式扫描文件，因为彩色图像文件占用大量的内存和CPU，操作速度会很慢，而且背景图案会影响处理效果。

②扫描亮度：亮度选择是否恰当直接关系到图像的清晰度，而图像的清晰度又直接影响后续的识别质量，因此必须根据稿件的实际质量来选择亮度。所要达到的扫描质量为保证每个扫描汉字的图像清晰，不能出现过浓或过淡。

③扫描精度：对于该软件而言，扫描精度控制在300dpi为好，这样既可保证良好的识别效果，又能减少扫描操作所需时间。扫描之后的图像直接传送回图像处理界面。图像文件自动存储到系统默认路径下的默认文件名，文件名和识别参数显示在文件管理窗口内。

第四步：处理图像

（1）预处理

①图像反白：该软件只处理白底黑字的图像，若扫描得到的图像不是白底黑字，选择"编辑"｜"图像反白"命令作反白处理。

②旋转图像：若发现当前图像不是正常位置显示，选择"编辑"｜"旋转图像"，再选择相应的旋转方向，按90度旋转当前图像（可以连续旋转），将当前图像旋转到正常位置。

（2）倾斜校正

①自动倾斜校正：若扫描后的图像是倾斜的，按系统测定的角度自动倾斜校正。选择"编辑"｜"自动倾斜校正"，可以对倾斜的图像作自动倾斜校正使之正常显示。

②手动倾斜校正：若图像是倾斜的或自动倾斜校正效果不佳，可选择"编辑"｜"手动倾斜校正"。

用鼠标点住图中水平红线左边的小方块，上下移动，使得水平线条与文本图像的倾斜角度一致；也可以用键盘上的上下箭头在按钮间切换，进行校正操作。

（3）去除噪声

①调整边框：若发现当前的图像带有多余的版面噪音，可以调整当前图像的图像框范围，将多余的或影响版面分割和识别准确率的版面噪音（即扫描过程产生的黑线条、黑污点等）删去，以提高识别准确率。点击 按钮，用鼠标将光标箭头移动到当前图像边框处，此时箭头变为卡住图像边框的上下双箭头。按下鼠标左键，将该位置的图像边框向内移动，将多余的版面噪音框掉，有效图像则为当前图像框范围内的图。

②剪切噪音：点击工具栏中的 按钮，按住鼠标左键，拖动鼠标选中图像中的噪音（黑点或黑框），放开鼠标左键，就可以将噪音清除。

（4）辅助操作

①缩放图像：可根据操作需要调整当前图像显示的大小。选择工具栏 按钮或 按钮，

将当前图像做放大或缩小处理。如果在当前图像内双击鼠标左键，会放大显示图像；双击鼠标右键，会缩小显示图像。

②恢复鼠标：当前鼠标为剪刀、画笔状态时，根据操作需要，点击 ▨ 按钮可切换到鼠标状态。

第五步：分析图像

在版面分析前，先检查文件管理窗口内当前文件的语言，如果有误，请双击该参数，在下拉菜单内选定正确的识别参数，如图 2 - 23 所示。

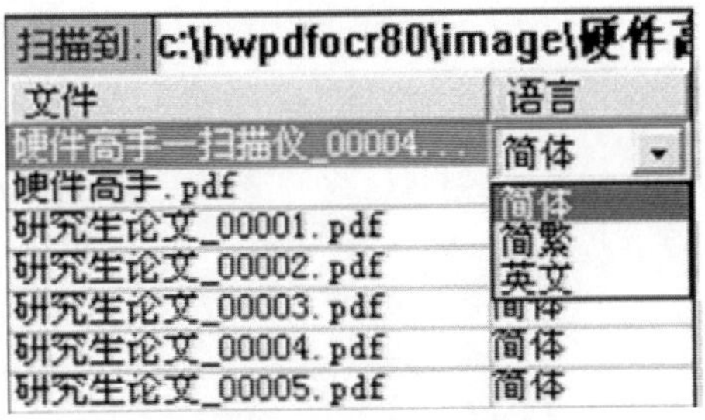

**图 2 - 23　修改语言**

①自动版面分析：单击工具栏的 ▨ 按钮，或单击"识别"菜单中的"版面分析"命令，自动对当前文件或管理窗口内选定的一批文件进行版面分析。

若单击 ▨ 按钮，或选择"识别"菜单中的"选择全部文件"命令，将全部文件选中，进行版面分析时，系统自动对全部图像文件进行版面分析。

②调整分析结果：移动光标箭头到文件图像上的待调整图像框上，点击 1、2、3、4、5键，将当前框的属性标识为横栏、竖栏、表格、图像、英文；若框切分不对，可单击工具栏中的 ▨ 按钮，或选择"识别"菜单中的"取消当前栏"，取消当前栏重新画框；若整页切分错误较多，可单击工具栏中的 ▨ 按钮，或选择"识别"菜单中的"取消版面分析"，取消图像页的全部版面分析，手动进行版面分析。

③手工版面分析：移动光标箭头到文件图像上的适当位置（例如文章段首），按住鼠标左键不放，拖动至另一适当位置（例如文章段尾），再放开左键，划分出所要识别的图像框图，重复此操作，以划分出全部图像的框图。在已有版面分析的图像文件上重新画框时，如果框的范围包含了已有的属性框，被包含的框自动消失；当框的范围与已有的属性框交叉时，手动画框无效。

第六步：识别图像

①识别图像：选中要识别的图像页，点击 ▨ 按钮或选择"识别"菜单中的"开始识别"命令，对所选图像进行版面识别。当然也可以用"F8"快捷键识别选中图像。

②检查识别结果：识别过的图像，系统会将识别结果在识别窗口中显示出来。如果没有识别的图像，识别窗口为灰色，所以识别完图像后，应该检查图像页是否有未识别的图像块。

第七步：校对

①调整窗口显示：单击"显示"菜单，弹出的下拉菜单如图 2 - 24 所示。

做横校时，可以根据需要选择显示／关闭工具条、状态条、管理条及文本窗口；也可以选择显示方式，如显示全部，只显示管理条，只显示图像、文本。另外，横校窗口中有三个控制窗口按钮（如图 2 - 25 所示），单击它们，可以调整文本窗口的结构和布局。各个按钮的功能分别如下：

图 2 - 24　"显示"命令的下拉菜单　　　　　　　　图 2 - 25　横校窗口控制按钮

- ☒ ／ ✔：隐藏／显示识别结果的文本窗口。
- ☒ ／ ☒：隐藏／显示候选字、联想字以及符号修改栏。
- ☒ ／ ✓：隐藏／显示光标当前行的对应原始图像。

②字符校对

字符校对：对照随行显示的当前字符的原始图像校正识别结果。

字符修改：选择当前字的候选字替换识别有误的字，也可以调出输入法输入正确的字符。单击工具栏上字符输入图标 ⊙ ，将弹出如图 2 - 26 所示的窗口。

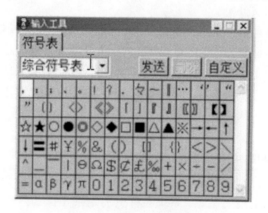

图 2 - 26　"输入工具"窗口

如在符号表中找不到要输入的字符，单击"自定义"按钮，将弹出如图 2 - 27 所示的对话框。

调出相应的输入法输入所需字符，然后单击"加入"按钮，再单击"结束"或直接关闭对话框，最后在符号表的下拉列表框中选择"自定义符号"，选中所需字符单击"发送"即可，如图 2 – 28 所示。

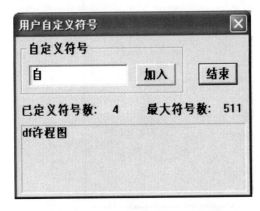

图 2 – 27　"用户自定义符号"对话框

图 2 – 28　输入自定义符号

③字符编辑：在文本编辑区内可以进行退格、删除、撤销等操作，在窗口最下面的状态栏的 插入 或 覆盖 处单击，可以切换字符的键入方式。在"编辑"菜单中选择"剪切"、"复制"或"粘贴"，可以对选定的文字做相应的操作。

第八步：保存图像

在操作时，想将经过处理后的图像保存，可以单击"文件"菜单中的"保存图像"命令进行保存；如果想将处理后的图像文件保存到其他位置，可以单击"文件"菜单中的"换名保存图像"命令，将图像文件换名保存。

第九步：结果输出

①输出到指定格式文件：校对完成后的文件可以输出保存成文字处理软件（如 Word、WPS97 等）可处理的文件，还可以保存成文本文件。单击"输出"菜单，选择"到指定格式文件"，在弹出的"保存识别结果"对话框（如图 2 – 29 所示）中，用户可以选择文件要存储的路径和文件类型。该软件的识别结果可以保存成 ∗.RTF、∗.TXT、和 ∗.HTML 以及 ∗.XLS 四种格式的文件。

如果选择"输出到外部编辑器"复选框，则系统在保存文件的同时调入相应的文字处理程序。比如选择输出 HTML 格式，系统马上进入 IE 浏览器。

TXT 格式只保存文字、表格部分，不保存图片；

RTF 格式可以用 Word、WPS 等文字处理软件编辑；

HTML 格式可以输出到 IE 等网络浏览器；

XLS 格式可以用 Excel 等软件编辑。

②PDF 文件转换为 RTF 文件：打开 PDF 文件，单击"输出"菜单中"PDF 文件转换为 RTF 文件"命令，或点击工具栏中"PDF 文件转换为 RTF 文件"按钮，弹出如图 2 – 30 所示对话框，可以根据需要选择转换的图像页范围，点击"确定"，系统将自动导出文件。

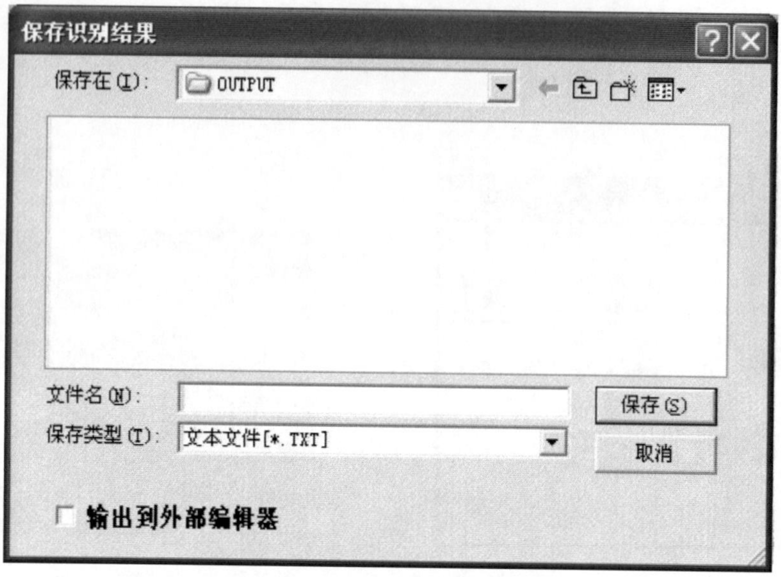

**图 2 - 29　"保存识别结果"对话框**

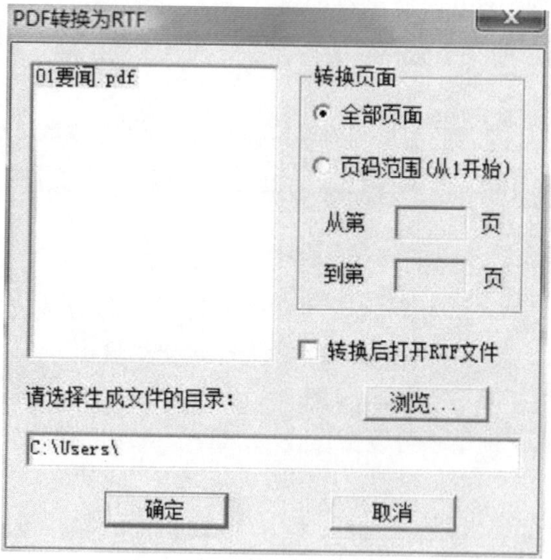

**图 2 - 30　"PDF 转化为 RTF"对话框**

③PDF 文件转换为 TXT 文件：打开 PDF 文件，单击"输出"菜单中"PDF 文件转换为 TXT 文件"命令，或点击工具栏中"PDF 文件转换为 TXT 文件"按钮，弹出如图 2 - 31 所示对话框，可以根据需要选择转换的图像页范围，点击"确定"，系统将自动导出文件。

直接转换：在打开图像时，如果是 PDF 图像，在"打开"对话框下方有"PDF 转换为 RTF 文件"和"PDF 文件转换为 TXT 文件"两个按钮，点击相应按钮，可直接将 PDF 文件转换为可编辑

图 2-31　"PDF 转化为 TXT"对话框

的 RTF 文件或 TXT 文件。如果选择"转换后打开 RTF 文件"，在转换后自动打开，如果不勾选则只转换、保存文件，而不打开该文件。

### 2.2.4　课后思考

(1)汉王 PDF Converter 和汉王 PDF OCR 功能上有什么区别？
(2)如何更改用汉王 PDF OCR 转换的图片文件保存的路径？

## 2.3　图像获取的方法

### 2.3.1　实验目的

掌握图片采集的常用方法：
(1)用扫描仪来扫描图片。
(2)用数码单反相机来拍摄图片并直接转到计算机中。
(3)从网上下载图片素材。
(4)用截图软件来抓图。

### 2.3.2　实验环境

(1)微型计算机。
(2)Windows 操作系统。
(3)扫描仪，相机，HyperSnap。

### 2.3.3　实验内容和步骤

#### 1. 用扫描仪扫描图片

扫描仪是一个外部设备，先要为它安装好驱动程序，才能正常使用它。

扫描仪的使用也非常简单，一般我们都在 Photoshop 中进行扫描。先打开扫描仪，启动计算机后，打开 Photoshop 应用程序窗口。单击"文件"|"导入"|"WIA 支持"命令，将弹出如图 2-32 所示的扫描设置对话框。该对话框主要用来对将要扫描的图片进行一些分辨率、大小、色彩等方面的设置。

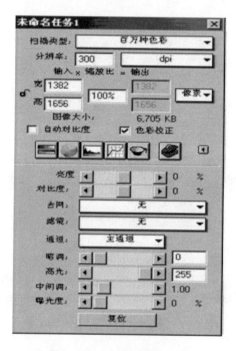

**图 2-32　扫描设置对话框**

在"扫描类型"中有百万种色基、256 级灰度、黑白等选项，通常我们都选择百万种色基来扫描，这样扫描的图片颜色比较丰富；

"分辨率"是表示扫描的精细程度，一般我们都选择为 300dpi 左右，也就是每英寸 300 个像素；

分辨率下面是图像的幅面大小，单位也是像素；

在设置对话框的下半部分是一些对扫描的图像进行细微调整的选项，可以调整图像的亮度、对比度、曝光度等参数。

一些比较好的扫描仪还带有一项"去网"的设置，这一项用来消除由于被扫描的杂志或照片的纸质粗糙而使扫描的图像产生的杂纹。根据纸质的不同，分为报纸、杂志、精美杂志几种选项。

设置好参数后，就可以扫描了。扫描时先把要扫描的杂志面朝下扣在扫描仪的玻璃板上，然后盖上盖，为了保证被扫描的面能够紧密地贴在玻璃板上，最好能在上面再放一本较厚的书压着。

　　单击扫描窗口中的<img>工具按钮，扫描仪开始扫描了，不过现在扫描的不是我们所要的最终结果，只是粗略地生成一幅很粗糙的预览图，如图 2－33 所示。

图 2－33　扫描图片预览窗口

　　通常要扫描的都是一幅图的一部分，而不需要扫描整幅图。在这种情况下，单击<img>工具按钮，按住鼠标左键拖出一个矩形区域，把需要扫描的部分用这个虚线框框住。这样，在扫描时，就只扫描选择的区域。设定好扫描区域后，单击"扫描"按钮，扫描仪就开始扫描选择的区域了。在扫描的过程中按"Esc"键可以取消扫描。

　　扫描完毕后，关闭扫描窗口。单击"文件"菜单中的"存储为"命令，把扫描好的图片保存起来即可。

### 2. 从单反相机中获取相片

　　最近几年，"数码单反（也称为单反数码或者 DSLR）"这几个字开始急速升温。DSLR 在过去是"专业"与"奢侈"的标志，用户群很小。然而，近年来随着各品牌 DSLR 的不断降价，入门级 DSLR 早已经走下神坛，并且日益向小型化、平民化发展，它的流行是必然趋势。但是对于很多人来说，数码单反相机是一种全新的事物，虽然它也属于数码相机的范畴，但在使用方法和观念上，却与那些"对准即拍"的普通数码相机有着很大的区别。下面就对其概念、优势、分类以及使用方法作简单介绍。

　　（1）数码单反相机的概念

　　要理解这个概念，先要解释什么是单反相机。简而言之，单反相机指的是取景和成像都使用一个镜头。取景时，光线通过反光板、五棱镜（或者五面镜）反射到光学取景器。这时，从取景器中就能看到被拍摄的视图。按下快门后，反光板抬起，快门打开，光线便直接入射到胶卷上，从而完成一次曝光。由于取景和成像都用一个镜头，单反相机可以实现无视差，即所谓的"所见即所得"，这是单反相机相对于旁轴、双反相机的最大优势。而数码单反相机，自然就是采用数字化的单反，也称为 DSLR(Digital Single Lens Reflex)。

（2）数码单反相机的优势

首先，数码单反相机可以更换镜头。它有擅长拍摄风光的广角镜头，有擅长拍摄人像的标准镜头，也有擅长运动场景拍摄的长焦镜头，还有擅长花卉、昆虫等特写题材作品拍摄的微距镜头等。各种镜头都能在其擅长的领域内保证最佳的光学素质，这是不能更换镜头的普通数码相机无法比拟的。

其次，数码单反相机都采用大尺寸的感光元件(CCD 或者 CMOS)，单个像素的面积是普通数码相机的数倍之多，拍摄的图像更细腻平滑，噪点更少，动态范围更宽广。尤其是在弱光下和高感光度拍摄时，两者犹如天壤之别。

其三，数码单反相机的对焦速度更快，快门时滞更小。而不会像普通数码相机那样，按下快门后，拍摄到的图像已经不是自己所希望拍到的了。

其四，数码单反相机具备更强的景深控制能力，很容易拍摄出背景虚化的照片。

第五，数码单反相机具备更强大的后期处理能力。所有的数码单反都支持 RAW 格式(原始数据格式)，相比普通数码相机上使用的 JPG 格式，后期处理范围更加宽广，曝光、白平衡、饱和度、对比度、色调都能进行后期的精细调节，以最大限度地保证最后的成像质量。

（3）数码单反相机的分类

在胶片摄影时代，单反相机级别划分比较细致，分为：低端入门级、中低级、中级、中高级、准专业级、专业级。

到了数码摄影时代，单反相机的级别划分有简化的趋势，一般分为：低端入门级、中级、准专业级、专业级。

比如：佳能的400D、尼康的D40X是低端入门级，佳能的40D、尼康的D80是中级机，佳能的5D、尼康的D300是准专业级，佳能的1DS3、尼康的D3是专业机。

（4）数码单反相机的功能

下面以佳能数码单反相机为例，对其各个按键的名称和功能作简单介绍，如图2-34至图2-37所示。灵活运用这些按键，就可以拍出较专业的照片了。

（5）照片导出

拍完照后，可以把相机中照片转到计算机中保存起来，也可以用专业的图像处理软件对自己拍摄的照片进行加工和处理。数码相机是通过 USB 串口线与计算机相连的，把 USB 连接线的一端连在计算机的 USB 口上，然后把线的另一端插在数码相机侧面的数据接口上。线接好后，按照如下步骤操作即可：

第一步：安装单反自带的驱动光盘，佳能是 EOS DIGITAL Solution Disk。

第二步：选择简易安装即可。如果想自定义安装，必须勾选 EOS Utility，安装好后，重启计算机。

第三步：打开单反的电源，只有单反开机了，才能被电脑识别。

第四步：打开安装好的 EOS Utility 软件。

第五步：自动搜索到有单反连接时，点击"开始图像下载"。

第六步：此时会开始从单反中传照片到电脑中，同时还会预览当前的照片。

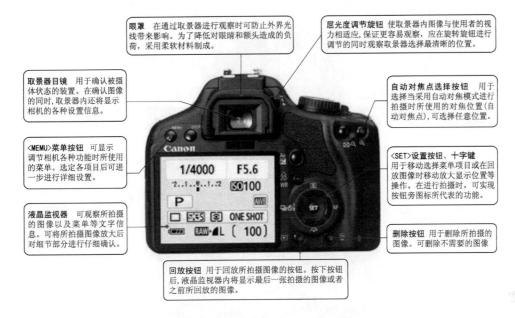

**图 2 - 34　佳能数码单反相机的背面**

**图 2 - 35　佳能数码单反相机的正面**

　　第七步：下载安装后，会自动用 Digital Photo Professional 打开，这是对照片进行编辑。如果不需要调整图片的话，直接关闭即可。

　　第八步：点击 EOS Utility 下面的"首选项"，可以在对话框中设置下载到计算机中的目的路径。

**变焦环** 进行旋转来改变集距。可观察下方的数字和标记的位置来掌握所选择的焦距。

**对焦模式开关** 用于切换对焦方式，也就是切换自动对焦(AF)与手动对焦(MF)的开关。

**背带环** 将背带两端穿过该孔，牢固安装背带，安装时应注意保持左右平衡。

**热靴** 用于外接大型闪光灯等的端子。相机与闪光灯通过触点传输信号。

**对焦环** 采用手动对焦(MF)模式时，旋转该环进行对焦。对焦环的位置因镜头而异。

**主拨盘** 用于在拍摄时变更各种设置或在回放图像时进行多张跳转等操作的多功能拨盘。

**ISO感光度设置按钮** 按下该按钮可以改变相机对亮度的敏感度。ISO感光度是根据胶片的感光度特性制定的国际标准。

**电源开关** 打开相机电源用的开关。当长时间保持打开状态时，相机将自动切换至待机模式以节省电力消耗。

**模式转盘** 可旋转转盘以选择与所拍摄场景或拍摄意图相匹配的拍摄模式。主要可分为两大类。

**创意拍摄区** 可根据使用者的拍摄意图选择采用各种相机功能。

**基本拍摄区** 相机可根据所选择的场景模式自动进行恰当的设置。

**图 2 - 36　佳能数码单反相机的上面**

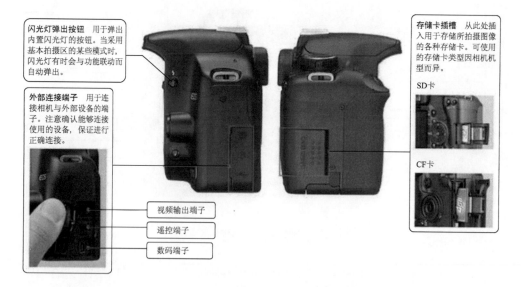

**闪光灯弹出按钮** 用于弹出内置闪光灯的按钮。当采用基本拍摄区的某些模式时，闪光灯有时会与功能联动而自动弹出。

**外部连接端子** 用于连接相机与外部设备的端子。注意确认能够连接使用的设备，保证进行正确连接。

**存储卡插槽** 从此处插入用于存储所拍摄图像的各种存储卡。可使用的存储卡类型因相机机型而异。

SD卡

CF卡

视频输出端子

遥控端子

数码端子

**图 2 - 37　佳能数码单反相机的侧面**

**3. 从因特网上搜索并下载素材**

从因特网上搜索并下载素材，方法比较简单，相对来说大家比较熟悉，这里只做简单描述。首先启动搜索引擎（例如百度、Google 等），在文本框中输入你所需要的图片关键字，然后在检索结果中找到需要的图片，在图片上单击鼠标右键，选择"图片另存为"命令，最后在打开的"保存图片"对话框中，选择保存路径，为文件命名，并选择保存格式即可。

**4. 用截图软件获得图片**

在制作一些多媒体教学课件或使用网络通讯聊天工具时，有可能需要获取计算机显示器屏幕上的图像。在 Windows 系统中，使用 Print Screen 键可以将整个屏幕的图像保存到剪贴板，使用 Alt + Print Screen 键可以将当前窗口的图像拷贝到剪贴板，但这样的抓图方式实用性不强，有些需求不能满足。因此，当需要从计算机屏幕上采集图像时，往往需要借用一些截图软件来完成。

截图软件不仅可以很轻松地完成抓取屏幕或某窗口，也可以让用户有选择地抓取屏幕中的任何一个地方，并可以对图像的大小、格式等属性进行一些设定。目前截图软件的种类比较多，如 HyperSnap、SnagIt、AgileCapture 和红蜻蜓抓图精灵等。特别是 HyperSnap 是一款非常优秀的屏幕截图工具，它不仅能抓取标准桌面程序，还能抓取一些游戏的过场动画或 DVD 屏幕图片。因此本节主要介绍 HyperSnap – DX（简称为 HyperSnap）。

HyperSnap 是 Windows 下使用最广泛的一种截图软件。它功能强大，使用方便，支持 DirectX 和 3dfx Glide 游戏及 DVD 影像技术。它能以 20 多种图形格式保存并阅读图片，还能提供专业级的影像效果，并且采用新的去背景功能将抓取后的图形去除不必要的背景；预览功能也可以正确地显示所截图片打印出来时会是什么模样；对影像绘图软件的支持程度都相当地高。

首先一起来了解一下 HyperSnap 6 的操作界面，其主要包括标题栏、菜单栏、工具栏、处理所截取图像的工具栏、图像显示区以及状态栏等，如图 2 – 38 所示。

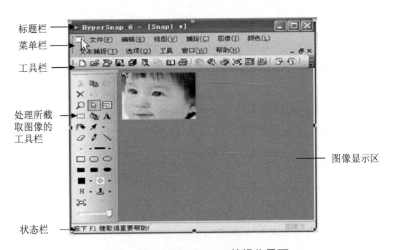

**图 2 – 38　HyperSnap 6 的操作界面**

下面介绍几个常用且重要的操作：

（1）抓取全屏幕：按下热键"Ctrl + Shift + F"，或者单击"捕捉"|"全屏幕"命令，之后会听

到类似照相的"咔嚓"声，表示操作成功。

（2）抓取活动窗口：首先使要抓取的窗口成为活动窗口，然后按下热键"Ctrl + Shift + A"。

（3）抓取下拉菜单：当需要抓取某个窗口中的下拉菜单时，有多种方法可以实现：先让 HyperSnap – DX 最小化到任务栏上，再单击要抓取的菜单使之展开，然后按下热键"Ctrl + Shist + R"，屏幕上将出现一个"十"字形光标，移动此光标到起始位置单击鼠标左键，再移动到菜单右下方再次单击；或者当菜单出现后直接按下窗口抓取热键"Ctrl + Shift + W"，会看到一个闪动的矩形框，单击左键即可抓取该菜单；

如果希望抓取多级子菜单中的某一级，应依次打开该级联菜单，按下热键"Ctrl + Shift + W"，当矩形框闪动时移动到希望抓取的子菜单上单击左键；如希望抓取级联菜单的全部，则要用到其"多区域捕捉"功能，按下热键"Ctrl + Shift + M"，当屏幕上出现闪动矩形框时单击左键增加要抓取的区域，以便让各级菜单都被选中（选中的区域会用黑色覆盖），然后按回车键完成抓取。

（4）多区域抓图：上面介绍的抓取级联菜单仅仅是多区域抓图的一个简单应用，实际上这个功能相当强大，可以将它和"区域抓图"结合使用以完成更复杂的抓取任务。

例如：要在资源管理器中同时抓取某个文件夹的右键快捷菜单和该文件夹的图标。

具体操作步骤为：首先用鼠标右键点击该文件夹弹出其快捷菜单，然后按下抓取热键"Ctrl + Shift + M"，点取菜单区域使它被选中，再按下鼠标右键不松手，会马上出现一个子菜单，选择"重启区域方式"后放开，此时出现"十"字形光标，用该光标单击文件图标的左上角和右下角各一次，使文件图标被选中（原来选中的菜单仍处于选中状态），最后按回车键完成抓取。

在上述抓取过程中，只要还没有完成抓取，随时可按下 Esc 键放弃当前操作。

（5）抓取对话框中的按钮：如果希望抓取某个对话框中的命令按钮，当对话框出现后，把光标移到要抓取的按钮上，然后按下热键"Ctrl + Shift + B"，便会看到这个按钮被自动"按"了一下，抓取完成。

（6）抓取游戏画面：如需要抓取游戏的一连串画面，并且不希望中断游戏并对所抓取的图像进行命名等操作，则要使用 HyperSnap 的特殊捕捉功能，还要设置让 HyperSnap 自动保存。

①设置其"特殊捕捉"：在"捕捉"菜单下单击"启用视频或游戏捕捉"，在设置窗口中选中其提供的三种捕捉类型之一。如果不能确定到底使用的是哪一种，则最好三个一并选上，其他选项取默认值，最后点击"确定"。

②设置自动保存：在"捕捉设置"对话框中单击"快速保存"选项，选择"自动将每次捕捉的图像保存到文件"；如果不想使用其默认的保存文件名，单击"更改"按钮定位一个保存位置，然后在该按钮左边的文本框中输入文件名的前缀字母，并输入名称的起始/终止数字（如输入前缀为 pic，范围值定为 1 到 100，则抓取后会自动生成 pic1、pic2、…、pic100 等文件）。

关闭捕捉设置对话框后进入游戏界面，当出现需要的画面时按下抓取热键"Scroll Lock"或"Print Screen"键（注意不要误认为是全屏幕游戏画面就用"Ctrl + Shift + F"），图像会自动被捕捉并依次保存下来。退出游戏后，在 HyperSnap 窗口中会看到抓取到的最后一幅图像，可以按 Page Down 和 Page Up 键来回翻动，逐个查看所有抓取到的画面。

(7)抓取 VCD/DVD 电影画面：能否顺利捕捉 VCD/DVD 电影画面主要取决于所使用的播放器是否支持 DirectX(通常 PowerDVD、"豪杰超级解霸"和"Windows Media Player 8.0"播放器，HyperSnap 都可以正常抓取)，其次需要设置并启动特殊捕捉功能。用 VCD/DVD 播放软件播放电影，当出现需要捕捉的画面时(注意让电影画面出现在前台)，按下"Scroll Lock"键或"Print Screen"键抓取。

如果在抓取时出现"Unsupported Pixel Format"(不支持的像素格式)的提示，这表明 HyperSnap 无法从 DirectX 覆盖缓冲区中对图像解码，可以查看播放软件中是否有"启用硬件加速"或"视频优化"等选项，如有则取消它，然后重新抓取图像。如果还不能抓取，必须换用其他的播放软件。

(8)抓取超长网页窗口：如果要抓取超过屏幕的超长网页(即要拖动滚动条才能查看所有内容的网页)，可以使用 HyperSnap 的抓取"扩展活动窗口"功能来完成。

启动 HyperSnap，切换到网页画面，按下热键"Ctrl + Shift + X"，或者单击"捕捉"|"扩展活动窗口"命令，会提示输入要扩展的高度和宽度(单位为像素)，其高度和宽度可以大于整个屏幕尺寸，然后按下确定，稍等片刻(等待时间长短取决于输入的高度和宽度)就会将超长网页抓取下来。

(9)隐藏 HyperSnap 窗口：可以让 HyperSnap 在抓图时彻底隐藏，甚至让它看起来好像是 Windows 的一部分而非单独的程序。也可以设置让它把每一次抓取的内容自动放入剪贴板而不只是放在它自己的窗口中，设置方法如下：单击"捕捉"|"捕捉设置"命令，在对话框中单击"捕捉"选项卡，如图 2 - 39 所示，取消"捕捉后恢复 HyperSnap 窗口在前面"复选框的选择。这样抓图完毕就不会看到 HyperSnap 的窗口了；再单击"复制和打印"选项卡，选择"复制每次抓取的图像到剪贴板"(此项不选则不会自动放入剪贴板，这样便不能直接在其他

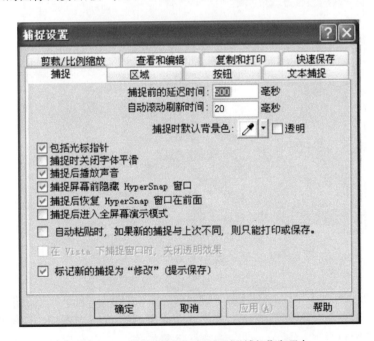

图 2 - 39  "捕捉设置"对话框的"捕捉"选项卡

程序中粘贴),以上两项组合使用后,用 HyperSnap 所抓取的图像便自动存入剪贴板;如果选择下面的"将每次捕捉的图像粘贴"并指定一个程序,则以后每次抓取的图像便被自动放入该程序窗口中,比如,可以指定自动粘贴到 Word 中,这样就不用来回切换抓图窗口和 Word 窗口了。

(10)抓取滚动窗口:在抓图过程中,常常会遇到一些特殊的情况,比如:要抓取的画面超过一屏,对于这种情况 Print Screen 键是无能为力的,利用 HyperSnap 的抓取滚动窗口功能就可以很轻松地完成。单击"捕捉"|"捕捉设置",将弹出捕捉设置对话框,在"捕捉"选项卡中设置自动滚动刷新时间即可。此时,将垂直滚动条放置在希望开始自动滚屏抓取的位置,按下窗口捕捉热键"Ctrl + Alt + W",然后在窗口中单击鼠标左键,屏幕会向下移动并自动捕捉画面。

(11)抓图过程中切换边角形状:在默认情况下,HyperSnap – DX 设定的捕获区域形状为矩形,可在"捕捉"|"捕捉设置"|"区域"选项卡中的"设置捕捉模式"中进行调整,如图 2 – 40 所示。有时候抓图的范围不仅仅局限于矩形,所以,在抓图过程中,我们可以灵活运用 HyperSnap 提供的热键"S"来快速切换抓取区域边角形状。首先按下选定区域捕捉热键"Ctrl + Alt + R",用鼠标左键选择捕捉区域的起始点,移动鼠标选择捕捉区域,此时,可以按"S"键来切换捕捉区域的边角形状(如:矩形、小圆、中圆、大圆、椭圆等)。

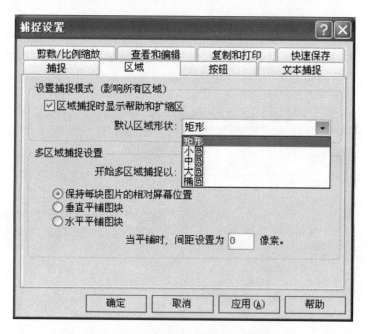

图 2 –40　"捕捉设置"对话框的"区域"选项卡

(12)快速将捕捉的图像拼贴在一起:在默认情况下,HyperSnap 为每个捕获的图像都创建一个新的窗口,但是有的时候需要将抓取的几个画面拼合成一幅图像,这样如果要合并图像时,就必须切换窗口并利用复制、粘贴键进行反复操作。其实在拼合这类图像时,可以设置"将每个新捕捉的图像都粘贴到当前图像上",单击"捕捉"|"捕捉设置",打开"捕捉设置"对话框,在"查看和编辑"选项卡中进行设置即可,必要时,还可以扩展绘图空间,如图 2 –41

所示。

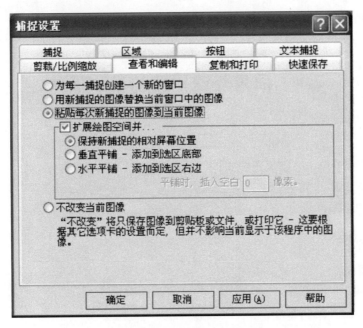

图 2 – 41　"捕捉设置"对话框的"查看和编辑"选项卡

　　如果记不住抓取热键又不想打开 HyperSnap 窗口，那么可以用鼠标右击它在任务栏上的图标，将弹出如图 2 – 42 所示的快捷菜单，捕捉操作与其对应的抓取热键都一一显示在其中。

图 2 – 42　抓取热键的快捷菜单

### 2.3.4　课后思考与练习

（1）如何利用 HyperSnap 6 进行视频截图？
（2）如何抓取椭圆形区域的图片？

# 2.4　图像处理软件的基本操作

### 2.4.1　实验目的

（1）掌握在 Photoshop 中创建图像文件、保存图像文件的方法。
（2）掌握基本工具和菜单命令的使用。
（3）掌握各种画笔的设置。

### 2.4.2　实验环境

（1）微型计算机。
（2）Windows 操作系统。
（3）Photoshop CS6 应用程序。

### 2.4.3　实验内容和步骤

为了在 Photoshop 中高效地完成图像编辑工作，必须熟悉它的操作界面。工作区是指 Photoshop 的应用程序界面，它是进行图像编辑的基础。工作区主要包括菜单栏、工具选项栏、工具箱、图像窗口、调节面板和状态栏等，如图 2 - 43 所示。

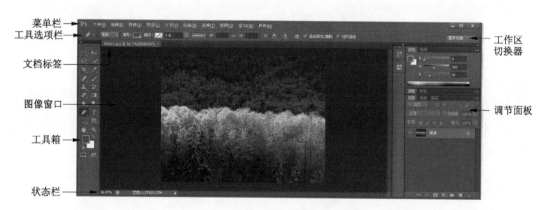

图 2 - 43　Photoshop CS6 的操作界面

#### 1. 图像文件的创建与保存

在 Photoshop 中新建文件，跟在其他应用程序中新建文件方法类似。单击"文件" | "新建"命令，或使用快捷键"Ctrl + N"即可打开"新建"对话框。在此对话框中可以对新建的文件设置大小、分辨率、颜色模式、背景内容、颜色配置文件以及像素长宽比等，如图 2 - 44 所示。

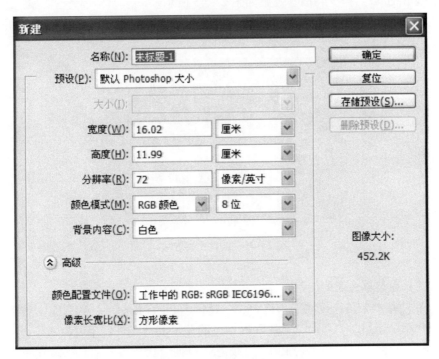

图 2-44　"新建"图像对话框

当修改和编辑完图像后应及时保存文件，如果不及时保存所编辑的图像文件，可能会丢失文件，这样就要重新修改和编辑图像文件了。

（1）"存储"命令

选择"文件"|"存储"命令，或使用快捷键"Ctrl + S"即可保存文件。而此命令是把刚编辑过的图像以原路径、原文件名、原文件格式覆盖原文件的保存方式。因此，使用此命令要注意原文件的存放路径。

（2）"存储为"命令

第一次保存新建的图像文件则会弹出"存储为"对话框，也可以选择"文件"|"存储为"命令，或使用快捷键"Shift + Ctrl + S"即可打开"存储为"的对话框。这种保存方式则不针对原图像进行覆盖，而是另外指定存储的路径、文件名称和文件格式的保存方式。

（3）"存储为 Web 所用格式"命令

选择"文件"|"存储为 Web 所用格式"，或使用快捷键"Alt + Shift + Ctrl + S"即可打开"存储为 Web 所用格式"的对话框。可以通过各种设置，对图像进行优化，并保存为适合网络使用的 HTML 等格式。

**例 1**　按下述要求创建、编辑并保存图像。

参考步骤：

第一步：创建一幅 300×200 像素、72 像素/英寸、RGB 颜色模式、绿色（#0EAF1A）背景的图像。

第二步：使用工具箱中文字工具，创建文字。文字颜色白色（#FFFFFF）；字体 Lucida

Console；字型 Regular；字号 48px。效果如图 2 – 45 所示。

第三步：将图像以"标题 1. psd"为文件名保存在 D 盘根目录下。

**图 2 – 45　新建文件效果**

### 2. 基本工具和菜单命令的使用

Photoshop 的基本工具存放在工具箱中，一般置于 Photoshop 界面的左侧。当工具的图标右下角有一个小三角形时，表示此工具图标中还隐藏了其他工具。用鼠标右击此图标，便可以打开隐藏的工具栏。点中隐藏的工具后，所选工具便会代替原先工具出现在工具栏里。当把鼠标停在某个工具上时，Photoshop 会提示此工具的名称及快捷键。而在选定工具后可在选项栏里修改工具的参数及设置（若屏幕上没有选项栏，执行菜单命令"窗口"|"选项"即可）。

工具的使用方法很灵活。这里先简单介绍几种重要工具的基本用法。

(1)"选框"工具

"选框"工具是重要的选图工具，右击"选框"工具，会弹出如图 2 – 46 所示的隐藏工具面板。选框工具共有四种，分别是"矩形选框工具(M)""椭圆选框工具(M)""单行选框工具"和"单列选框工具"。"选框"工具用于在被编辑图像中选取一个工作区域，其中矩形选框工具是用于选取一个任意矩形区域；椭圆选框工具用于选取一个任意圆形或椭圆形区域；单行选框工具是用于选取图像中任一横行像素；单列选框工具用于选取图像中任一竖行像素。

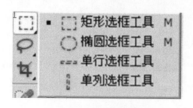

**图 2 – 46　"选框"工具**

**例 2**　使用"椭圆选框工具"及有关选择命令制作模糊边界的网页图片。原图片如图 2 – 47 所示，模糊边界的图片如图 2 – 48 所示。

图 2 – 47　原图片

图 2 – 48　模糊边界的椭圆形图片

参考步骤：

第一步：打开如图 2 – 47 所示的图片文件。

第二步：右击工具箱中的"选框"工具，选择"椭圆选框工具"，并在其选项栏上设置 10 像素的羽化值。

第三步：在原图片上拖拽鼠标创建一个椭圆形选区。

第四步：执行菜单命令"选择"|"反向"，此时选区反转。

第五步：设置背景色为网页的背景色（假设是白色），按 Delete 键删除选区内容，选区内被填充了白色。

第六步：执行菜单命令"选择"|"取消选择"取消选区。

第七步：将图像文件保存在 D 盘根目录下。

（2）"套索"工具

"套索"工具也是重要的选图工具，主要是用于选取不规则区域。如图 2 – 49 所示，套索工具共有"套索工具（L）""多边形套索工具（L）""磁性套索工具（L）"三种。"套索工具"用于手动选择一些极不规则的区域；"多边形套索工具"用于选择不规则多边形；"磁性套索工具"可选择圆滑曲线。

（3）油漆桶工具和渐变工具

填充颜色时一般使用油漆桶工具或渐变工具，如图 2 – 50 所示。

图 2 – 49　"套索工具"

图 2 – 50　"渐变工具"及"油漆桶工具"

使用"油漆桶工具"可以在当前图层或者指定的选区中使用前景色或者图案来填充。单击"油漆桶工具"，其工具选项栏如图 2 – 51 所示，所对应的选项的意义如下：

①填充：用于设置图层、选区的填充类型，包括"前景"和"图案"两种选项。选择"前景"选项后，填充的颜色与工具箱中的"前景"色一致；选择"图案"选项后，可以用预设的图案填充，也可以自己新建图案填充。

②模式：下拉列表框中的选项为填充颜色的各种模式。

**图 2-51 "油漆桶工具"选项栏**

③容差：用于填充时设置填充色的范围，取值范围为 0~255。在文本框中输入的数值越小，颜色范围就越接近；输入的数值越大，选取的颜色范围越广。

④连续的：用于设置填充时的连贯性。

⑤所有图层：勾选该复选框，可以将多图层的图像看作单层图像一样填充，不受图层限制。

"渐变工具"也是用来填充颜色的，但与"油漆桶工具"不同，它不是用纯色来填充，而是用有变化的颜色来填充。用"渐变工具"可以在图像中或选区内填充一个逐渐过渡的颜色，可以是一种颜色过渡到另一种颜色，也可以是多个颜色之间的相互过渡。渐变颜色千变万化，大致可以分成：线性渐变、径向渐变、角度渐变、对称渐变和菱形渐变等五类。选择工具箱中的"渐变工具"，其工具选项栏如图 2-52 所示，其中主要选项的意义如下：

**图 2-52 "渐变工具"的工具选项栏**

①渐变类型 ：用于设置填充渐变时的不同渐变类型。单击下拉按钮可以打开如图 2-53 所示的"渐变拾色器"，这里都是事先预设好的渐变类型，可以直接单击选择想要的类型。

双击 可以打开"渐变编辑器"对话框，如图 2-54 所示。利用"渐变编辑器"对话框可以创建新的渐变颜色。

②渐变样式 ：用于设置渐变颜色的形式。工具选项栏上的渐变样式按钮，从左至右依次是"线性渐变""径向渐变""角度渐变""对称渐变"和"菱形渐变"。

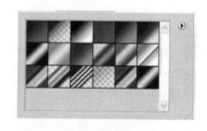

**图 2-53 "渐变拾色器"**

③模式：用来设置填充渐变色和图像之间的混合模式。

④不透明度：用来设置填充渐变颜色的透明度。数值越小填充的渐变色越透明。

⑤反向：如果选择了此复选框，则反转渐变色的先后顺序。

⑥仿色：如果选择了此复选框，可以使渐变颜色之间的过渡更加柔和。

⑦透明区域：如果选择了此复选框，则渐变色中的透明区域以透明蒙版形式显示。

**例 3** 使用蒙版文字工具和渐变工具制作彩虹文字。效果如图 2-55 所示。

参考步骤：

第一步：新建 500×500 像素、分辨率 72 像素/英寸、RGB 模式、黑色背景的图片文件。

第二步：使用横排蒙版文字工具创建水平文字选区，字体宋体，字号 72px。

图 2－54　"渐变编辑器"对话框

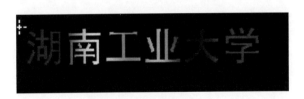

图 2－55　彩虹文字效果

　　第三步：选择线性渐变工具，"透明彩虹渐变"填色方式，取消"透明区域"复选框的选择。

　　第四步：在文字选区内施加彩虹渐变，按住鼠标左键不松手从左至右拖拉，然后松开即可。

　　第五步：将编辑好的图片保存在 D 盘根目录下。

### 3. 画笔的设置

　　使用 Photoshop CS6 中提供的画笔工具，可以在图像上绘制丰富多彩的艺术作品。右击"画笔"工具，会弹出如图 2－56 所示的隐藏工具面板。画笔工具共有如图所示四种，分别是"画笔工具""铅笔工具""颜色替换工具"和"混合器画笔工具"。下面主要介绍常用的"画笔工具"的设置及自定义操作。

（1）设置画笔

在工具箱中单击"画笔工具" ，"画笔工具"选项栏如图 2-57 所示。其中各选项的意义如下：

图 2-56　"画笔工具"

- 按钮：单击该按钮右边的小三角形，可在弹出的列表框中选择合适的画笔直径、硬度、笔尖的样式。

- 按钮：单击该按钮，将打开如图 2-58 所示的"画笔"调板，可以从中对选取的画笔进行更精确地设置。

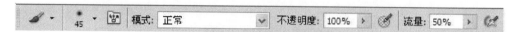

图 2-57　"画笔工具"选项栏

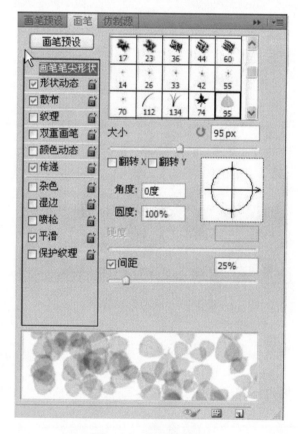

图 2-58　"画笔"调板

- 模式：设置画笔笔触与背景融合的方式。
- 不透明度：决定笔触不透明度的深浅，不透明度的值越小笔触就越透明，也就越能够透出背景图像。

- 流量：设置笔触的压力程度，数值越小，笔触越淡。
- 喷枪：单击喷枪按钮后，"画笔工具"在绘制图案时将具有喷枪功能。

（2）自定义画笔

某些时候预设的画笔不能满足需求，用户可以自定义画笔。操作方法用一个简单的例子来说明。

**例 4**　将如图 2 - 59(a)所示的图像中的红色花朵定义为画笔，然后用新画笔绘制图案。

参考步骤：

第一步：打开如图 2 - 59(a)所示的图像，使用"快速选择工具"选取红色花朵部分的像素，如图 2 - 59(b)中所示。

(a)　　　　　　　　　　(b)

**图 2 - 59　在图片中选择需要定义为画笔的像素**

第二步：选择"编辑"|"定义画笔预设"命令，在如图 2 - 60 所示的"画笔名称"对话框中为此画笔图案命名为"花朵"，单击"确定"按钮。

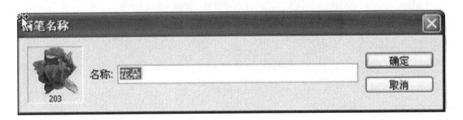

**图 2 - 60　"画笔名称"对话框**

第三步：新建一个文档，大小为 500 × 500 像素，背景色为白色。

第四步：在工具箱中单击"画笔工具" ，在选项栏上打开"画笔"调板，在画笔预设列表框中选择最后一个选项，即刚才定义的"花朵"笔触，然后通过"大小"下的参数滑块来调节笔触的大小，此例中将此参数设置为 100px。

第五步：参数都设置好后在文档窗口中单击鼠标绘制图案即可。

### 2.4.4　课后思考与练习

（1）"蒙版文字工具"与"一般文字工具"有什么不同？

（2）"图像"菜单中的调整图像大小的命令和调整画布大小的命令有何区别？

（3）能否使用"编辑"菜单下的"填充"命令进行渐变颜色的填充？

# 2.5　图像处理软件的高级操作

## 2.5.1　实验目的

掌握图层和通道的工作方式，会运用各种图片处理特效增强图像的表现效果。

## 2.5.2　实验环境

（1）微型计算机。

（2）Windows 操作系统。

（3）Photoshop CS6 应用程序。

## 2.5.3　实验内容和步骤

### 1. 图层

图层的概念可以通过在现实绘图过程中的透明胶片来理解。在绘图中为了便于改变整体图像的效果，将图像中的各个要素分别绘制在不同的透明胶片上，通过透明胶片的透明特性，可以从上层看到下层胶片，用透明胶片的这种叠加来灵活地制作图像的整体的效果。而这种方式就是图层的工作方式，图层则类似于透明胶片，应用灵活且修改方便。可以通过图层的顺序叠加来看到整个图像的结构和效果。

选择"窗口"|"图层"命令，或按下"F7"快捷键，即可打开如图 2－61 所示的"图层"调板。

对图像的编辑大部分的操作都要在"图层"调板中完成，因此它成为图层操作的主要场所，"图层"调板可以用来选择图层、新建图层、删除图层、隐藏图层等。

1）图层的基本操作

"图层"调板和图层菜单的操作成为完成图层操作的重要工具。对图层的复制、删除、锁定、链接等各种动作和操作都要通过它们来实现或完成。

（1）图层的创建、复制和删除

①图层的创建

在 Photoshop CS6 中有很多种方法创建新的图层，单击"图层"|"新建"|"图层"命令，或按住 Alt 键不放，单击"图层"调板下方的"创建新图层"按钮，或按快捷键"Ctrl + Shift + N"，都将弹出如图 2－62 所示"新建图层"对话框，设置参数后，单击"确定"按钮即可得到新图层。

单击图层调板下方的"创建新图层"按钮，可在图层调板中直接加入一个新的图层。在有选区的情况下，可选择"图层"|"新建"|"通过拷贝的图层"或"通过剪切的图层"命令把选区的图像复制或剪切到新的图层中。

②图层的复制

在图层操作中，复制图层是必不可少的操作之一。单击"图层"|"复制图层"命令，将弹

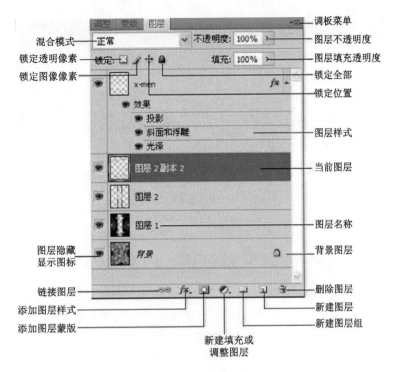

图 2-61 "图层"调板

图 2-62 "新建图层"对话框

出"复制图层"的对话框,如图 2-63 所示。或者在"图层"调板中拖动图层到"新建图层"按钮上,即可获得当前图层的复制图层。也可以按"Ctrl + J"快捷键来复制图层。

③图层的删除

图层的留用可以自由选择,因此这个功能也比较方便。当不需要此图层时可以删除该图层,这样可以降低图像文件的大小,让操作和处理图像的时间更短更快。单击"图层"|"删除"|"图层"命令,将弹出如图 2-64 所示的提示框。或选择要删除的图层,将其拖拽至"图层"调板下方的"删除"按钮上;也可以按住 Alt 键,单击删除按钮来快速删除当前图层。

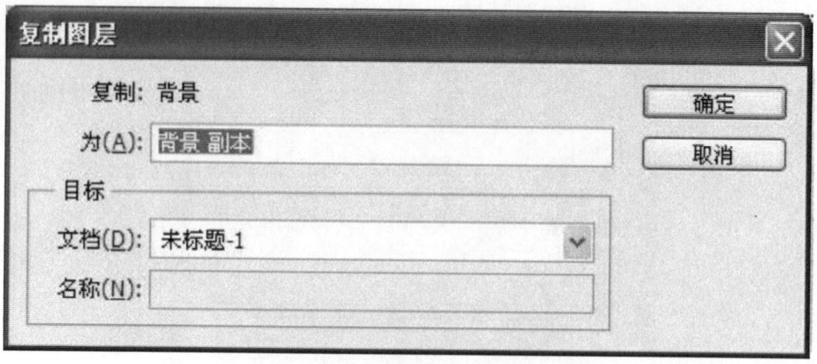

图 2 – 63 "复制图层"对话框

图 2 – 64 "删除图层"对话框

（2）图层的锁定和顺序调整

①图层的锁定

为了让图层更好地发挥作用，防止图层的内容在误操作中受到破坏，图层的锁定功能就可以限制图层编辑的内容和范围，在如图 2 – 61 所示的"图层"调板中，各锁定按钮的意义如下：

• 锁定透明像素：选择图层后，按下"锁定透明像素"按钮，则图像中透明部分被锁定，只能编辑和修改不透明区域的图像。

• 锁定图像像素：选择图层后，按下"锁定图像像素"按钮，则不论是透明区域和非透明区域都被锁定，无法进行编辑和修改，但对背景层无效。

• 锁定位置：选择图层后，按下"锁定位置"按钮，图像则不能执行移动、旋转和自由变形等操作，其他的绘图和编辑工具可以继续使用。

• 锁定全部：选择图层后，按下"锁定全部"按钮，则图层全部被锁定，也就是不可以执行任何图像编辑的操作。

②图层的顺序调整

在图像中，图层的叠放顺序会直接影响到图像的效果。叠放在最上方的不透明图层总是将下方的图层遮掉。可以选择"图层"|"排列"命令，从弹出菜单中选择所需要调整的顺序位置，或使用鼠标直接在"图层"调板中拖拽来改变图层的叠放顺序。

（3）图层的链接与合并

在编辑图像时，为了操作方便常常会对图层作链接和合并的操作，本节将对这两种操作做简单介绍。

①图层的链接

图层的链接可以帮助多个图层或图层组同时进行位置、大小等的调整，可以增加图像编辑的速度。

● 建立图层链接：在"图层"调板中，按住 Ctrl 键，单击要链接的图层，将要链接的所有图层或图层组全部选中，在"图层"调板下方单击链接按钮 🔗，则可以把所需的图层或图层组全部链接起来，如图 2 - 65 所示。

所有建立好的链接图层，在图层的旁边有一个链接图标，图层表示链接成功，在进行图层的移动、变形和创建各种效果和蒙版时，链接图层仍是链接状态。

● 取消图层链接：如果要取消链接，可以选择链接图层，单击"图层"调板下方的链接按钮 🔗；或按住 Shift 键，单击图层名称后面的图层链接图标，链接图标上会出现红色的 × 符号，如图 2 - 66 所示。

图 2 - 65　建立图层链接

图 2 - 66　取消图层链接

②图层的合并

在 Photoshop CS6 中图层的编辑和操作虽然很方便，并且图层没有数量的限制，但一幅图像中图层数量越多，那么图像文件也就越大，同时计算机的运行速度也就越慢。因此为了减小图像的容量，则通常合并一些不需要进行修改的图层。

选择"图层" | "向下合并"命令，或者选择"图层" | "合并可见图层"和选择"图层" | "拼合图像"命令，来达到合并减少图层的目的。

● 向下合并图层：在保证两个图层都为可见的状态下，当前图层与下一图层进行合并，不影响其他图层，可以用菜单命令也可以按快捷键"Ctrl + E"完成合并。

● 合并可见图层：所有图像中可见的图层全部被合并，即所有显示眼睛图标的图层都被合并。可以用菜单命令也可以按快捷键"Shift + Ctrl + E"来合并。

● 拼合图像：合并图像中所有的图层。如果有隐藏图层，系统会弹出提示框，单击"确定"按钮，隐藏图层将被删除，单击"取消"则取消合并的操作。

2）图层的混合模式

图层的混合模式是运用当前选定的图层与其下面的图层进行像素的混合计算，因为有各种不同的混合模式，产生的图层合成效果也就各不相同，设计者可以根据自己的需要选择合适的模式。

3）图层的变换

在对图像进行编辑时，经常需要进行各种对象变形处理，而图层的变换是不可缺少的操作。通过变换命令可以将图层、通道、图层蒙版、路径及选取范围内的图像进行变形，操作十分方便。

（1）图层的变换操作

选择图像中要进行变形操作的图层作为要编辑的当前图层，单击"编辑"|"变换"命令，"变换"子菜单中包含"缩放""旋转""斜切""扭曲""透视""变形"六种变换操作，如图 2 - 67 所示，设计者可以根据自己的需要选择合适的变换命令。

（2）图层的自由变换

选择"编辑"|"自由变换"命令，当前图层的图像周围出现 8 个控制点的变形方框，就可以随意缩放和旋转变形了，或使用快捷键"Ctrl + T"，也可以随意调节变形。

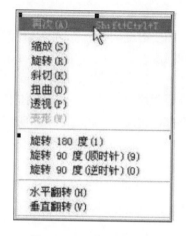

图 2 - 67　"变换"子菜单

图层自由变换时，按"Ctrl"键的同时拖动控制点，可扭曲图层；按"Ctrl + Shift"键的同时拖动控制点，可斜切图层。

当拖动控制点进行调节和变形时，会出现工具选项栏，可以通过输入数字精确地控制图层的变形。

4）图层的样式

图层样式是由很多图层的效果组成的，可以实现很多特殊的效果。图层样式种类很多，有投影、内阴影、外发光、内发光、斜面和浮雕、光泽、颜色叠加、图案叠加、渐变叠加、描边等图层效果，它们可以让平面图像顷刻间转变为具有立体材质或具有光线效果的立体物体。但图层样式对背景层是无效果作用的。

（1）常用的图层样式

单击"图层"调板下方的 *fx.* 按钮，选择混合选项或任意图层效果，或者双击需要设置效果的图层位置均可以打开如图 2 - 68 所示的"图层样式"对话框。

（2）图层样式的编辑

从"图层"调板中可以轻松地对图层样式进行编辑。单击图层右侧的小三角形可以展开图层样式，如图 2 - 69 所示，将其全部显示出来，然后完成相应的图层编辑，具体的编辑操作如下。

• 隐藏与显示图层样式

要隐藏相应的图层样式效果，可单击图层样式效果前的眼睛图标，需要显示时，再单击眼睛图标，即可显示图层效果。也可以选择"图层"|"图层样式"|"隐藏所有效果"命令，可以隐藏所有图层的效果。

• 缩放与清除图层样式

缩放图层效果可以同时缩放图层样式中的各种效果，而不会缩放应用了图层样式的对

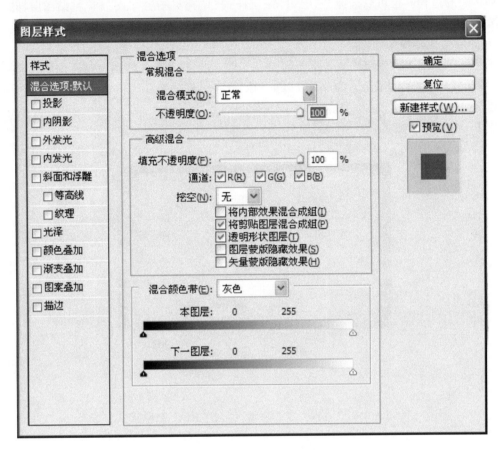

**图 2 - 68　"图层样式"对话框**

象。当对一个图层应用了多种图层样式时,"缩放效果"可以对这些图层样式同时起缩放样式的作用,能够省去单独调整每一种图层样式的麻烦。

清除图层样式可以采用单击图层右侧的小三角形来展开图层样式,将其全部显示出来。然后拖拽需要清除的图层样式至调板底部的删除按钮上,即可删除图层样式。

选择"图层"|"图层样式"|"清除图层样式"命令,也可以清除图层的样式。此外,右击该图层,可以从快捷菜单中选择"清除图层样式"命令来清除图层样式。

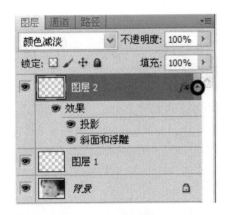

**图 2 - 69　展开图层样式**

- 复制与粘贴图层样式

在"图层"调板中,右击需要拷贝图层样式的图层,从快捷菜单中选择"拷贝图层样式"命令,然后再右击相应要粘贴图层样式的图层,从快捷菜单中选择"粘贴图层样式"命令来完成

复制和粘贴的过程。也可以选择"图层"|"图层样式"|"拷贝图层样式"和"粘贴图层样式"命令，拷贝和粘贴图层的样式。

● 图层样式转换为图层

图层可以运用多种图层样式来进行编辑和修改。将图层样式转换为普通图层，选择"图层"|"图层样式"|"创建图层"命令，可以把图层的各种样式转换为普通的图层，所应用的各种效果都分离开来形成独立的图层。

**例 1** 请制作如图 2 - 70 所示的信封。

**图 2 - 70　信封效果**

参考步骤：

第一步：新建一个 500 × 300 像素、72 像素/英寸、RGB 颜色模式、黑色(#000000)背景的图像文件。

第二步：单击图层面板下方的"新建图层"按钮，创建图层 1。

第三步：在图层 1 创建一个矩形选区，使用"油漆桶工具"在选区内填充白色。

第四步：选择"矩形选框工具"，在选项栏上选择"从选区减去"按钮，在图像中减去部分选区。

第五步：单击"编辑"|"变换"|"透视"，对选区内图像进行如图 2 - 70 所示的透视变换，按回车执行变换。

第六步：剪切选区，并粘贴，产生图层 2。在图层调板中减小图层 2 的不透明度，并使用"移动工具"将其移到合适位置，然后取消选区。

第七步：在图层 2 上新建图层 3。在左上角创建一个小的正方形选区，使用菜单命令"编辑"|"描边"为正方形选区描边。描边宽度为 1 个像素、颜色为绿色。

第八步：拖拽图层 3 缩略图到图层调板的新建按钮上，在图层 3 的上面生成图层 3 的副本。

第九步：确保图层 3 的副本为当前层。使用"移动工具"向右移动小方框。

第十步：将图层 3 的副本与图层 3 建立链接，合并链接图层，图层名字为图层 3。

第十一步：再次从当前的图层 3 中复制出图层 3 的副本。并把副本中的两个小方框向右移动。

第十二步：重复第十步，制作出信封左上角的 6 个小方框。

　　第十三步：隐藏图层 1 和背景层。选择图层 2，单击"图层"|"合并可见层"，合并后的名字为图层 2。

　　第十四步：再次显示图层 1 和背景层，将图层 2 更名为"小方框"（方法为：单击"图层"|"图层属性"，在弹出的对话框中直接修改图层名称然后单击"确定"按钮即可）；将图层 1 更名为"信封"。

　　第十五步：在"小方框"层的上面新建一个图层，并命名为"水平线"。选择"直线工具"，在选项栏上选择"填充像素"按钮，设置直线的宽度为 1 个像素。

　　第十六步：在"水平线"层上绘制一条水平线（和小方框使用相同的颜色）。

　　第十七步：复制"水平线"层，生成"水平线副本"层，并将该层中水平线向下向右移动。

　　第十八步：重复第十七步。选择"水平线"层，将"水平线副本"层、"水平线副本 2"层与"水平线"层建立链接关系。

　　第十九步：使用"移动工具"，在图像窗口中拖拽鼠标，调整 3 条水平线的位置，然后合并链接图层，合并后图层的名字为"水平线"。

　　第二十步：使用"文字工具"在信封的右下角创建文本对象"邮政编码"。

　　第二十一步：单击"图层"|"拼合图层"，将所有图层拼合为背景层。

　　第二十二步：将图像以"信封"为文件名保存在 D 盘根目录下。

**2. 通道**

　　在 Photoshop CS6 中，通道用来存储图像的颜色和选区的信息，Photoshop CS6 中提供的"通道"调板可以快捷地创建和管理通道，如图 2 – 71 所示。

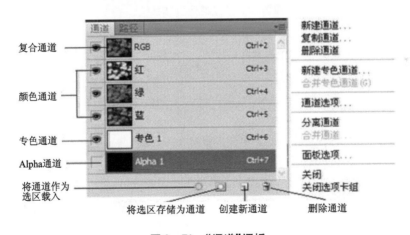

**图 2 – 71　"通道"调板**

　　所有的图像都是由一定的通道组成的，一个图像最多可以有 24 个通道。通道的类型主要有三种，分别是颜色通道、Alpha 通道以及专色通道。

　　（1）颜色通道：主要用来记录图像颜色的分布情况，在创建一个新图像时自动创建的。图像的颜色模式决定了所创建的颜色通道的数目。例如，RGB 图像的每一种颜色（红色、绿色和蓝色）都有一个通道，并且还有一个用于班级图像的复合通道；

　　（2）Alpha 通道：可以将选区存储为灰度图像，也可以用来保存创建和保存图像的蒙版；

　　（3）专色通道：常用于专业印刷品的附加印版。

1）通道的基本操作

（1）通道的创建、复制与删除

● 创建通道

创建新通道可以单击"通道"调板右上角的菜单按钮，在弹出菜单中选择"新建通道"命令，或者按住"Alt"键不放，再单击"创建新通道"按钮 ，系统则会显示如图 2 - 72 所示的"新建通道"对话框，在其中可以输入通道的名称以及色彩的显示方式等，设定好参数后单击"确定"按钮即可新建通道。单击"通道"调板下方的"创建新通道"按钮 ，可在通道调板中直接新建一个通道。"新建通道"对话框中选项的意义如下。

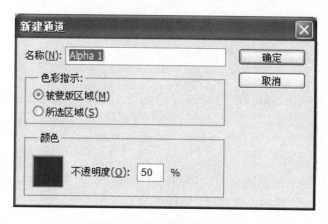

**图 2 - 72　"新建通道"对话框**

● 被蒙版区域：如果选中此单选项，则将设定被通道颜色所覆盖的区域为遮蔽区域，没有颜色遮盖的区域为选区。

● 所选区域：如果选中此单选项，则与"被蒙版区域"作用相反。

● 复制通道

当利用通道保存一个选区后，如果希望对此选区再做修改，可以将此通道复制一个副本修改，以免错误修改后不能复原。复制通道的方法与复制图层类似，首先选择要被复制的通道，接着在"通道"调板上单击右上角的菜单按钮，然后在弹出菜单中选择"复制通道"命令，最后在弹出的如图 2 - 73 所示的"复制通道"对话框中设置通道名称、要复制通道存放的位置（通常为默认）以及是否将通道内容反相等信息，然后单击"确定"按钮即可。

在"通道"调板中选中要复制的通道后，按住鼠标左键将其拖动到"新建通道"按钮上，也可以复制一个通道。

● 删除通道

有时候为了节省图片文件所占用的空间，或者提高文档图片处理速度，需要将其中一些无用的通道删除，其方法是在"通道"调板上单击右上角的菜单按钮，在弹出菜单中选择"删除通道"命令即可。在"通道"调板选中要删除的通道，然后单击"删除当前通道"按钮 ，也可以删除一个通道。

（2）通道分离与合并

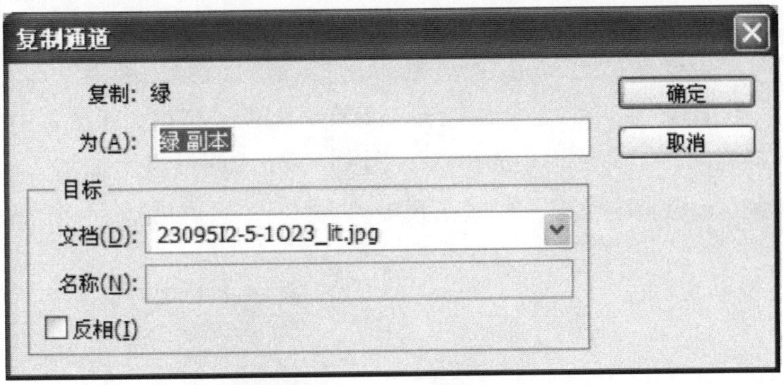

图 2-73　"复制通道"对话框

所谓通道的分离就是将一个图片文件中的各个通道分离出来分别调整。合并通道就是将通道分别单独处理后,再合并起来。

- 通道分离

分离通道可以将图像文件从彩色图像中拆分出来,并各自以单独的窗口显示,而且都为灰度图像。各个通道的名称以原图片文件名称加上通道名称的速写来标注。

分离通道的方法很简单,选中需要分离的图片文件后,在其"通道"调板上单击右上角的菜单按钮,在弹出菜单中选择"分离通道"命令即可。

- 通道合并

合并通道即是分离通道的反操作,比如我们现在需要将刚才分离的"鲜花_R. jpg""鲜花_G. jpg"和"鲜花_B. jpg"这几个通道合并,操作方法是在"通道"调板上单击右上角的菜单按钮,再在弹出菜单中选择"合并通道"命令,然后在弹出的如图 2-74 所示的"合并通道"对话框中单击"确定"按钮,最后在"合并 RGB 通道"对话框中单击"确定"按钮即可,如图 2-75 所示。

图 2-74　"合并通道"对话框

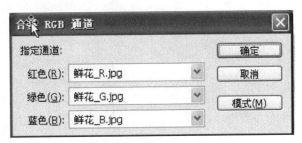

图 2-75　"合并 RGB 通道"对话框

2）将通道作为选区载入

将通道作为选区载入就是把建立的通道中制作的内容作为选区载入到图层中。被载入的通道只能是自己创建的通道。操作方法是在创建的通道完成后,选中该通道,然后通过"通道"调板底部"将通道作为选区载入"按钮 ⬚ 来完成。

3）将选区存储为通道

在编辑图像时创建的选区常常会多次使用，此时可以将选区存储起来以便以后多次使用。存储的选区通常会被放置在 Alpha 通道中，将选区载入时载入的就是存在于 Alpha 通道中的选区。例如打开图像"花.jpg"，使用魔棒工具在其中创建选区，如图 2−76 所示。在"通道"调板上单击"将选区存储为通道"按钮 ，这时"通道"调板显示如图 2−77 所示，系统自建了一个"Alpha1"通道，并将选区存储在其中。

**图 2−76 使用魔棒工具创建选区**

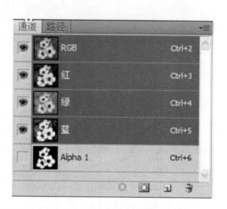

**图 2−77 将选区存储为通道**

也可以选择"选择"|"存储选区"命令，打开如图 2−78 所示的"存储选区"对话框，就可将当前选区存储到 Alpha 通道中。"存储选区"对话框中各选项意义如下。

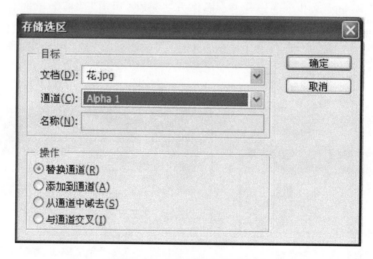

**图 2−78 "存储选区"对话框**

- 文档：当前选区所在的文档。
- 通道：用来选择存储选区的通道。
- 名称：设置当前选区储存的名称，设置的结果会将 Alpha 通道名称替换。

如果"通道"调板中存在 Alpha 通道时，可在"存储选区"对话框的"通道"下拉列表中选中该通道，此时 4 个单选项的意义如下。

- 替换通道：替换原来的通道。
- 添加到通道：在原有通道中加入新通道，如果是选区相交，则组合成新的通道。
- 从通道中减去：在原有通道中加入新通道，如果是选区相交，则合成选区时会去除相交的区域。
- 与通道交叉：在原有通道中加入新通道，如果是选区相交，则合成选区时会留下相交的区域。

### 3. 滤镜

滤镜是 Photoshop 中一种特殊的软件处理模块，利用滤镜不仅可以修饰图像的效果并掩盖其缺陷，还可以快速制作一些特殊的效果，如动感模糊效果、光照效果、图章效果、壁画效果等。

Photoshop 滤镜分为内置滤镜和外挂滤镜两种：内置滤镜是 Adobe 公司在开发 Photoshop 时添加的滤镜效果；外挂滤镜是第三方公司提供的滤镜。

在使用 Photoshop 的滤镜命令时，需要注意以下这些操作规则：

（1）滤镜的处理是以像素为单位，所以其处理效果与图像的分辨率有关。相同的滤镜参数处理不同分辨率的图像，其效果也不相同。

（2）Photoshop CS6 会针对选取区域进行滤镜效果处理，如果没有定义选区，滤镜将对整个图像做处理。如果当前选中的是某一图层或某一通道，则只对当前图层或通道起作用。

（3）如果只对局部图像进行滤镜效果处理，可以为选区设定羽化值，使处理后的区域能自然地与原图像融合，减少突兀的感觉。

（4）当至少执行过一次滤镜命令后，“滤镜”菜单的第一行将自动记录最近一次滤镜操作，直接点击该命令或使用“Ctrl + F”快捷键可快速地重复执行相同的滤镜命令。

（5）使用“编辑”菜单中的“后退一步”“前进一步”命令可对比执行滤镜前后的效果。

（6）在“位图”和“索引颜色”的色彩模式下不能使用滤镜。不同的色彩模式，滤镜使用范围也不同，在“CMYK 颜色”和“Lab 颜色”模式下，部分滤镜不可用，如“画笔描边”“纹理”“艺术效果”等。

下面举例讲述滤镜的效果：

**例 2**　使用“高斯模糊”滤镜消除图像中的杂点，虚化图像中背景部分，使主题对象更加突出。

参考步骤：

第一步：打开图像文件“童年. jpg”，如图 2 - 79 所示。

第二步：用“快速选取工具”选择图像中的小孩，尽量耐心细致地把选区创建得精确些。

第三步：依次按“Ctrl + C”键和“Ctrl + V”键，将选区内的图像复制到图层 1 中。

第四步：在图层面板中选择背景层，使用“高斯模糊”滤镜，半径为 19 左右。最终效果如图 2 - 80 所示。

第五步：以“虚化背景. JPG”为文件名保存在 D 盘根目录下。

图 2 - 79　图像原图

图 2 - 80　对背景层进行高斯模糊

### 2.5.4　课后思考与练习

（1）若要同时移动多个图层上的图像，且保持各图像间的相对位置不变，有什么办法？

（2）对于存在多个图层并且尚未编辑好的图像如何进行保存？

## 2.6　图像处理软件的综合应用

### 2.6.1　实验目的

掌握图像污点处理方法，会进行图像修饰、合成等。

### 2.6.2　实验环境

（1）微型计算机。

（2）Windows 操作系统。

（3）Photoshop CS6 应用程序。

### 2.6.3　实验内容和步骤

在 Photoshop CS6 中修饰图像的工具和方法多种多样，用来修饰图像的工具组包括修复工具组、图章工具组和模糊工具组等。这些工具组都是对图像的某个部分进行修饰的。在这里重点讲述修复工具组的使用。

修复工具组中包含"污点修复画笔工具""修复画笔工具""修补工具"以及"红眼工具"，如图 2 - 81 所示。这几种工具的用法类似，都是用来修复图像上的瑕疵、褶皱或者破损部位等等，不同的是前三种修补工具主要是针对区域像素而言的，而"红眼工具"则主要针对照片中常见的红眼而设的。

图 2 - 81　"修复工具"组

### 1. 污点修复画笔工具

"污点修复画笔工具"比较适合用来修复图片中小的污点或者斑点，如果需要修复大面积的污点等最好使用"修复画笔工具""修补工具"以及"橡皮图章工具"等。

### 2. 修复画笔工具

"修复画笔工具"可以复制指定的图像区域中的肌理、光线等，并将它与目标区域像素的纹理、光线、明暗度融合，使图像中修复过的像素与临近的像素过渡自然，合为一体。单击工具箱中的"修复画笔工具"，其工具选项栏如图 2 - 82 所示，其中各选项的意义如下。

**图 2 - 82　"修复画笔工具"的工具选项栏**

(1) 模式：用来设置修复时的混合模式。如果选用"正常"选项，则使用样本像素进行绘画的同时可把样本像素的纹理、光照、透明度和阴影与像素相融合；如果选用"替换"选项，则只用样本像素替换目标像素，在目标位置上没有任何融合。也可在修复前建立一个选区，则选区限定了要修复的范围在选区内。

(2) 源：选择修复方式，有下面 2 种方式。

取样：勾选"取样"单选项后，按住 Alt 键不放并单击鼠标获取修复目标的取样点。

图案：勾选"图案"单选项后，可以在"图案"列表中选择一种图案来修复目标。

(3) 对齐：勾选"对齐"复选框后，只能用一个固定的位置的同一图像来修复。

(4) 样本：选取图像的源目标点。包括以下三种选择：

- 当前图层：当前处于工作状态的图层。
- 当前和下面图层：当前处于工作状态的图层和其下面的图层。
- 所有图层：可以将全部图层看成单图层。

(5) 忽略调整图层 ![icon]：单击该按钮，在修复时可以忽略图层。

单击"修复画笔工具"，按照图 2 - 82 所示的工具选项栏设置选项，修复前有污点的图像如图 2 - 83(a) 所示，按住 Alt 键在污点附近单击鼠标取样，然后在污点处拖拽鼠标，就可擦除污点，修复后的图像如图 2 - 83(b) 所示。

### 3. 修补工具

"修补工具"与"修复画笔工具"的功能差不多，不同的是"修补工具"可以精确地针对一个区域进行修复。该工具比"修复画笔工具"使用更为快捷方便，所以通常使用此工具来对照片、图像等进行精细处理。

**例 1**　利用"修补工具"将如图 2 - 84(a) 所示图像上的污点去除，污点修补后的效果如图 2 - 84(b) 所示。

参考步骤：

第一步：在 Photoshop CS6 中打开图 2 - 84(a)。

第二步：将鼠标移动到图像窗口，此时鼠标变形为一个带有小钩的补丁形状，使用其绘制一个区域将污点包围。

第三步：将鼠标移动到刚才所绘制的区域中，当鼠标变形为带有小方框的补丁形状时，

(a)              (b)

**图 2 - 83   修复有大污点的图片**

按住鼠标左键拖动该区域到无斑点处，如图 2 - 84(a)所示。则污点处就会被修补，如图 2 -
84(b)所示。

(a)              (b)

**图 2 - 84   "修补工具"修补图像的前、后示意图**

### 4. 红眼工具

"红眼工具"可以将数码相机照相时产生的红眼睛效果轻松去除，在保留原有的明暗关系
和质感的同时，使图像中人或者动物的红眼变成正常颜色。此工具也可以改变图像中任意位
置的红色像素，使其变为黑色调。"红眼工具"的操作方法非常简单，在工具箱中单击"红眼
工具" ，设置好属性以后，直接在图像中红眼部分单击鼠标即可。

**例 2**   利用专色通道制作合成效果的图像，图像最终效果如图 2 - 85 所示。

参考步骤：

第一步：打开图像文件"脸庞.jpg"，单击"图像"|"图像旋转"|"水平翻转画布"将图像
水平翻转。

第二步：单击"图像"|"画布大小"命令，在弹出"画布大小"的对话框中设置如图 2 - 86
(a)所示参数，单击"确定"按钮，将图像左边的空白区域增大如图 2 - 86(b)所示。

第三步：在"脸庞.jpg"的"通道"调板上，单击右上角的菜单按钮，在弹出菜单中选择

图 2 - 85　合成图像的效果图

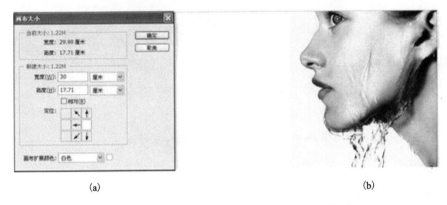

(a)　　　　　　　　　　　　　　　　　(b)

图 2 - 86　"画布大小"对话框与调整画布后的图像

"新建专色通道"命令,"通道"调板上就增加了一个"专色 1"的通道,如图 2 - 87(a)所示。再在如图 2 - 87(b)所示的"新建专色通道"对话框中设置颜色为"#619ff4",单击"确定"按钮,这样在"脸庞. jpg"上就新建了一个专色通道。

第四步:打开如图 2 - 88(a)所示素材图像文件"桥. jpg",在"图层"调板中双击"背景层",在弹出的"新建图层"对话框中单击"确定"按钮,可将"背景层"转换成可编辑的"图层 0"。

第五步:单击"图层"调板底部的"添加图层蒙版"按钮,在工具箱中选择"渐变工具"按钮,设置"前景色"为白色,"背景色"为黑色,然后从图像左边向右边拖拽鼠标,得到的效果如图 2 - 88(b)所示。

第六步:单击"图层"调板右上角的菜单按钮,在弹出菜单中选择"拼合图像"命令,将蒙版与图像拼合,效果如图 2 - 88(c)所示。至此,对"桥. jpg"的处理基本完成。

第七步:按快捷键"Ctrl + A"选中"桥. jpg"的所有像素,再按快捷键"Ctrl + C"将其复制到剪贴板中。切换到图像"脸庞. jpg",并确认当前通道为刚才创建的"专色通道 1",按快捷键"Ctrl + V"将剪贴板中的图像粘贴入其中,效果如图 2 - 89(a)所示。

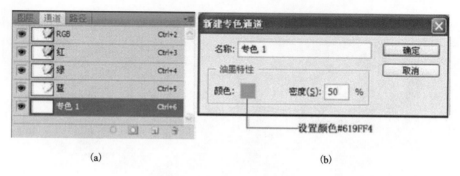

(a)　　　　　　　　　　　　　　　　　　(b)

**图 2 - 87　新建专色通道**

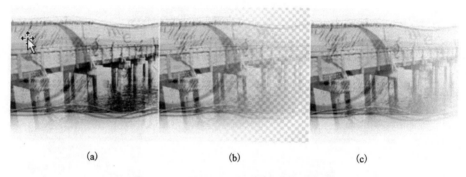

(a)　　　　　　　　　　　(b)　　　　　　　　　　　(c)

**图 2 - 88　用蒙版处理图像的前、后效果**

　　第八步：选择"编辑"|"自由变换"命令，或按快捷键"Ctrl + T"，将图像调整并移动到合适的位置，最终效果如图 2 - 89(b)所示。

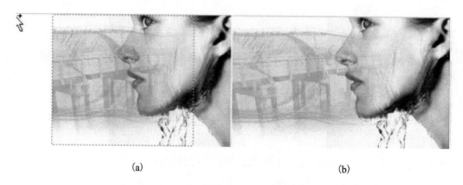

(a)　　　　　　　　　　　　　　　　　　(b)

**图 2 - 89　将"桥. jpg"的图像粘贴入"脸庞. jpg"的专色通道中**

## 2.6.4　课后思考与练习

　　请综合运用所学知识将图 2 - 90 及图 2 - 91 制作合成如图 2 - 92 所示图像效果。

图 2 - 90 原始图一

图 2 - 91 原始图二

图 2 - 92 合成图像效果

# 2.7 图形处理软件的应用

## 2.7.1 实验目的

（1）掌握在 CorelDRAW 中创建图形文件、保存图形文件的方法。
（2）掌握 CorelDRAW 中基本工具和菜单命令的使用。

## 2.7.2 实验环境

（1）微型计算机。
（2）Windows 操作系统。
（3）CorelDRAW X6 应用程序。

## 2.7.3 实验内容和步骤

运用 CorelDRAW 绘制一个可爱的卡通小精灵，主要通过使用椭圆工具、星形工具、交互式透明工具、填充工具、贝塞尔工具、多点线工具、3 点曲线工具和交互式阴影工具绘制完成。

具体步骤如下：

第一步：单击"文件"|"新建"，新建一个文档。在弹出的创建新文档对话框中，将文档的高度和宽度都设置为 200 mm，设置参数如图 2-93 所示。新建的文档如图 2-94 所示。

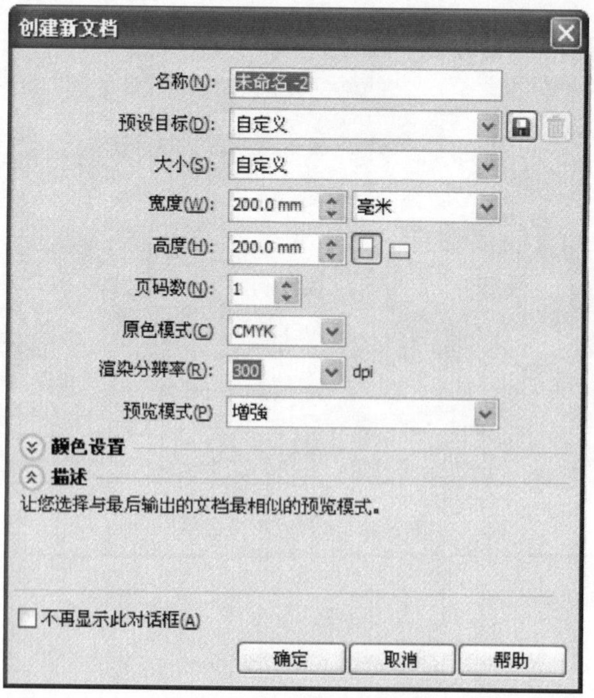

图 2-93 "创建新文档"对话框

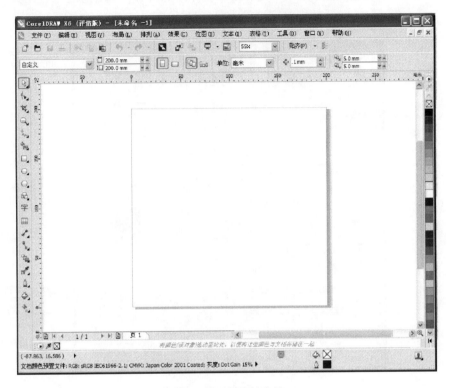

**图 2 - 94　新建的文档**

第二步：在工具箱中选择椭圆工具，按住鼠标左键在页面中拖拽出如图 2 - 95 所示的椭圆形。

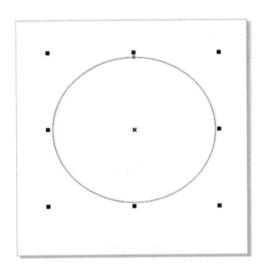

**图 2 - 95　绘制的椭圆形**

第三步：为椭圆填充颜色并设置其轮廓粗细。保持椭圆形的选中状态，在工具箱中选择"轮廓笔"工具，在弹出的对话框中将宽度设为"16点"轮廓，如图2-96所示。

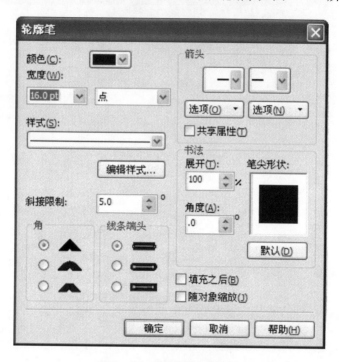

图2-96　"轮廓笔"对话框

第四步：选择工具箱中的"填充"|"渐变填充"工具，在弹出的渐变填充对话框中，如图2-97所示，在类型下拉列表框中选择"辐射"，颜色调和选项区选择"双色"，然后单击"从"下拉列表中弹出的色块下方的"更多"按钮，弹出如图2-98所示"选择颜色"对话框。

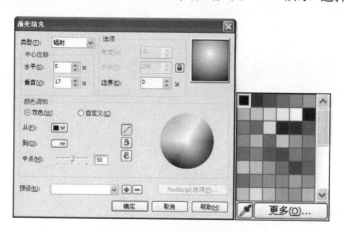

图2-97　"渐变填充"对话框

在弹出的"选择颜色"对话框中单击"模型"选项卡，设置颜色为（C：63，M：4，Y：100，K：0），如图2-98所示。单击"确定"按钮，返回"渐变填充"对话框。

**图 2 - 98　"选择颜色"对话框**

第五步：用同样的方法为颜色调和选项区"到"后的色块设置颜色为淡绿色（C：10，M：0，Y：80，K：0），最后将中心位移选项区的垂直参数设置为"17"，如图 2 - 99 所示。

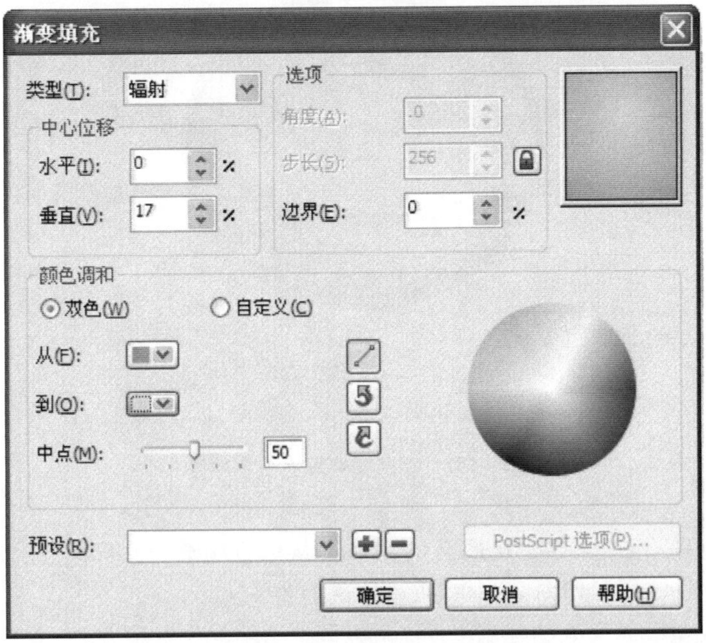

**图 2 - 99　"渐变填充"参数设置**

设置好后，单击"确定"关闭对话框，填充效果如图 2 – 100 所示。

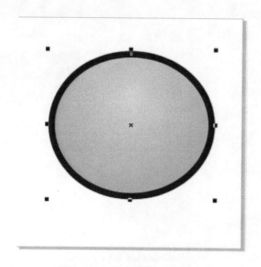

图 2 – 100　渐变填充后的效果

第六步：用"椭圆"工具绘制一个椭圆，在右侧的调色板中单击白色色块，为椭圆填充白色，然后单击工具面板的"轮廓"工具 | "无轮廓"，取消椭圆的轮廓，如图 2 – 101 所示。

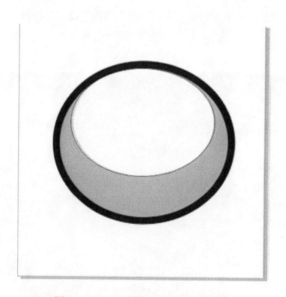

图 2 – 101　在椭圆中填充白色椭圆

第七步：在工具箱中选择"交互式填充"工具，从白色椭圆的顶部向下拖动鼠标，到椭圆底部的时候释放鼠标，得到如图 2 – 102 所示的透明效果。

通过拖动起始处和结束处的控制滑块，可以调整透明的位置和方向，如图 2 – 103 所示。

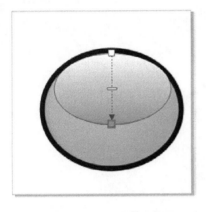

图 2 – 102　交互式填充效果

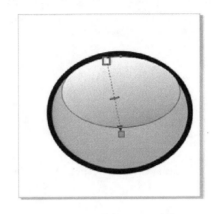

图 2 – 103　调整透明的位置和方向

第八步：单击"选择"工具，按住 Shift 键将椭圆形和白色的高光同时框选住，然后按 Ctrl + G 组合键将它们进行群组。

第九步：绘制小精灵的眼睛。先绘制一个椭圆，填充黑色并取消其轮廓线，如图 2 – 104 所示。然后选中黑色椭圆，依次按 Ctrl + C 和 Ctrl + V 组合键（或者按小键盘上的数字键盘上 + 号）将其复制。

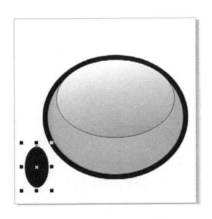

图 2 – 104　绘制黑色椭圆

第十步：将复制的椭圆适当缩小，选择"交互式填充"工具，在属性栏中设置填充类型为"辐射"，起点颜色为蓝色（C：100，M：10，Y：10，K：0），终点颜色为白色，如图 2 – 105 所示。

图 2 – 105　"交互式填充"的参数设置

　　拖动渐变控制线，改变渐变色与图形对象之间的相对位置，效果如图 2 - 106 所示。

**图 2 - 106　　使用"交互式填充"小椭圆**

　　第十一步：将椭圆再复制两次，然后调整不同大小，其中一个填充黑色，最小的椭圆填充白色，并稍作旋转，如图 2 - 107 所示。

　　第十二步：选择"贝塞尔"工具，在眼球内绘制如图 2 - 108 所示的形状，然后填充40%黑色作为高光。

**图 2 - 107　　眼睛效果**

**图 2 - 108　　眼球内加入高光效果**

　　第十三步：用选择工具将组成眼睛的所有图形框选，然后按 Ctrl + G 组合键将它们进行群组，再按 Ctrl + C 和 Ctrl + V 组合键将眼睛复制，调整两只眼睛的位置和大小，如图 2 - 109 所示。

　　第十四步：绘制小精灵的嘴巴。用"贝塞尔"工具绘制如图 2 - 109 所示的形状，可以用"形状"工具(F10 键)进行拖动调整修改，然后填充白色，轮廓线设置为粗细 2 mm 的黑色。

　　第十五步：选择"3 点曲线"工具，在小精灵的左嘴角处单击鼠标并向其右嘴角处拖动，然后释放鼠标并向下拖动到如图 2 - 109 所示的状态后，单击可完成曲线的绘制。

　　第十六步：选择"折线"工具，在嘴的一边单击鼠标，然后向左下方拖动，到另一边缘时双击鼠标，完成绘制。用同样的方法绘制其他线。至此，小精灵的脸部基本完成，如图 2 - 109 所示。

　　第十七步：将步骤八中群组的图形再复制两个，然后调整两个椭圆形的轮廓线粗细为 2 mm，再调整它们的大小，并分别放置在大圆的左下角和右下角，作为小精灵的手，如图 2 - 110 所示。

图 2 – 109　小精灵的脸部

图 2 – 110　加上手的效果

　　第十八步：绘制小精灵手中的魔棒。首先选择"星形"工具，在属性栏中设置星形边数：5；角的锐度为 45，如图 2 – 111 所示。然后绘制一个星形，并设置其填充颜色为黄色（C：0，M：0，Y：100，K：0），轮廓为 2 mm 粗细的黑线，如图 2 – 112 所示。

图 2 – 111　星形的参数设置

　　第十九步：将星形复制一份并适当缩小，然后为其填充白色，取消其轮廓线，再用"交互式填充"工具将其设置为半透明，如图 2 – 113 所示。

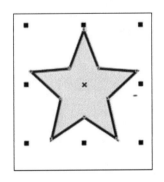

图 2 – 112　绘制的星形

图 2 – 113　交互式填充后的效果

　　第二十步：选择矩形工具，绘制一个如图 2 – 114 所示的细长的矩形，填充属性和星形相同。然后右键单击矩形，从弹出的快捷菜单中选择"顺序"|"置于此对象后"，此时光标呈黑箭头状，在星形上单击鼠标，矩形被放置在星形后方，最后将星形和矩形同时选中，按 Ctrl + G 组合键将它们群组。

图 2 – 114　魔棒

第二十一步：将制作好的魔棒适当旋转，然后调整到小精灵手的后方，如图 2 – 115 所示。

第二十二步：最后给小精灵添加阴影。用选择工具选中小精灵的脸型（最大的椭圆形），选择"阴影"工具，在椭圆形的下方拖动鼠标添加阴影，最终效果如图 2 – 116 所示。

图 2 – 115　手握魔棒效果

图 2 – 116　最终效果图

## 2.7.4　课后思考

（1）如何将图形轮廓颜色从默认的黑色改为红色？

（2）如何同时选定多个对象并将其群组？

# 2.8　相片处理软件的应用

## 2.8.1　实验目的

掌握数码照片的处理技巧。

## 2.8.2　实验环境

(1)微型计算机。
(2)Windows 操作系统。
(3)彩影 2010 应用程序。

## 2.8.3　实验内容和步骤

为了在彩影 2010 中高效地完成相片的编辑工作,必须熟悉它的操作界面。彩影 2010 界面划分为"菜单栏""导航栏""功能栏""图层/信息栏""图片操作区""快捷工具栏""图片池"等模块,如图 2 – 117 所示。

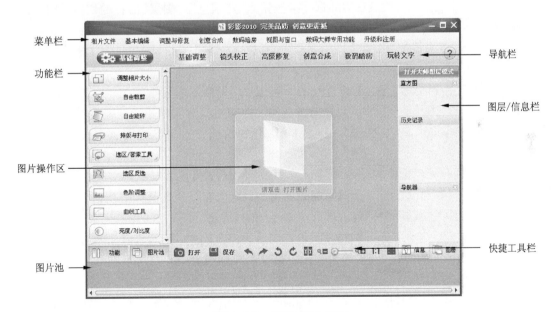

**图 2 – 117　彩影 2010 界面**

(1)菜单栏

"菜单栏"位于主界面最上方,分别是"相片文件""基本编辑""调整与修复""创意合成""数码暗房""视图与窗口""数码大师专用功能""升级和注册"。

(2)导航栏(选项卡)

"导航栏"的每一个选项卡就表示一个大功能,其包含了各种各样相应的功能集合。导航分为六大类别:"基础调整""镜头校正""高级修复""创意合成""数码暗房""玩转文字"

等。当其中的某个导航选项卡被选中时，对应的所有相关功能内容就会在软件界面的左边"功能栏"面板中全部显示。

（3）功能栏

"功能栏"位于主界面左侧浮动面板。该面板主要显示以上介绍的"导航栏"各选项卡的具体功能内容。

（4）图层/信息栏

"图层/信息栏"位于软件主界面右侧浮动面板，包括"打开大师图层模式""直方图""历史记录""导航器"等。

（5）图片操作区

图片操作区位于主界面的中央部分，是打开相片后相片的编辑和显示区域。通过双击"图片操作区"可以打开新的图像，而在已打开的图像上双击则会进入全屏编辑模式。

（6）快捷工具栏

"快捷工具栏"位于主界面的下方，由一系列按钮组成，包含"打开"按钮、"保存"按钮、"撤销与重做"按钮组、"顺时针与逆时针旋转"按钮组、"对比原图"按钮、"缩放"按钮组与滑杆工具、"窗口模式切换"按钮组等。

位于快捷工具栏最左边的按钮是"功能""图片池"面板的开关，可以自由地隐藏或打开这些面板。而位于快捷工具栏最右边的选项卡按钮则是"信息""图层"面板的切换按钮，如果重复选择选项卡按钮则可以隐藏、显示右边的面板。比如，点击"图层"选项卡按钮，则可以切换到图层面板，再点击该按钮，整个图层面板就会被隐藏，再次点击该按钮又可以恢复显示。

（7）图片池

图片池位于主界面最底部，是被打开的所有相片的缩略图的显示区域。在打开多张相片的时候，通过点击"图片池"中的相片缩略图能够快速切换到对应相片的编辑窗口，而双击缩略图可以最大化编辑窗口，如果窗口已经是最大化的情况下双击缩略图则可以还原为窗口模式。

彩影2010拥有无与伦比的贴心人性化界面，所有操作和参数设置都能在图片上一步到位地进行，几乎所有的设置都不会弹出突兀的窗口，直接在图片上所见即所得。因而该软件号称中国第一傻瓜人性的图像处理软件。

下面我们以实际例子来更简单地说明如何用该软件合成艺术照片。比如现在我们要将图2－118中热气球插入到图2－119的天空中，实现热气球在天空上飞翔，则具体的操作步骤如下：

第一步：在彩影中同时打开图2－118和图2－119，单击图2－118让它处于当前编辑状态。

第二步：单击导航栏中"创意合成"，然后在功能栏中单击"数码艺术合成照"，进入创意合成功能面板，在"请选择背景相片"下拉列表选择图2－119。

第三步：在"请选择蒙板"的蒙板分类列表里，鼠标经过蒙板素材时就会智能弹出对应的蒙板"大缩略图"方便预览，选择好合适的合成蒙板后在蒙板列表中点击该蒙板"小缩略图"即可，此处我们选择一个漩涡形状的蒙板。

第四步：选择好蒙板后，图2－118的热气球就会浮动到图2－119的天空上，因为运用了蒙板，所以图2－118只出现了蒙板的形状。

图 2 – 118　原始热气球图

图 2 – 119　原始天空图

第五步：对浮动的图 2 – 118 的热气球进行各种变换操作，让它和图 2 – 119 融合起来更加好看。

第六步：满意后点击"图片操作区"下方的"点击这里确定应用"大按钮即可完成梦幻合成。合成后的最终效果图如图 2 – 120 所示。

图 2 – 120　合成后的效果图

## 2.8.4　课后思考与练习

请综合运用所学知识将自己的老照片进行高级修复（比如祛斑、美白牙齿、添加唇彩、脸部去黄、加上粉底等）。

# 第3章　音频采集与处理

## 3.1　音频硬件的使用

### 3.1.1　实验目的

（1）了解计算机后部各种接口。
（2）会正确连接耳麦，会设置录音与放音属性。
（3）了解其他的常用数字音频硬件。

### 3.1.2　实验环境

（1）多媒体计算机，耳麦。
（2）Windows 操作系统。

### 3.1.3　实验内容和步骤

#### 1. 计算机常用外部接口

每一台计算机，外部都有很多的接口，用来连接各种外部设备，实现不同的功能。所以在选择计算机时，计算机外部的接口是必须考虑的内容。另外不同设备接口的形状、规格不同，同一设备的接口如有不同功能，也会用颜色或标记来区分。

（1）USB 接口

USB 接口是目前所有 PC 上最常用到的接口之一。USB 是英文 Universal Serial Bus 的缩写，中文含义是"通用串行总线"。它之所以会被大量应用，主要是因为具有以下优点：

①可以热插拔。这就让用户在使用外接设备时，不需要重复"关机将线缆接上再开机"这样的动作，而是直接在 PC 开机时，就可以将 USB 电缆插上使用。

②携带方便。USB 设备大多以"小、轻、薄"见长，随着 U 盘容量的不断增加以及手机、数码相机等设备的普及，作为最方便的数据交换途径，USB 接口的重要性不言而喻。

USB 是设计用来连接鼠标、键盘、移动硬盘、数码相机、网络电话（VoIP 的 Skype 之类）、打印机等外围设备的。理论上一个 USB 主控口可以最大支持 127 个设备的连接。USB 分为两个标准：USB1.1 和 USB2.0。USB1.1 最大传输速度为 12Mbps，USB2.0 为 480Mbps，这两种标准的接口是完全一样的，也可向下兼容，传输速度的不同取决于电脑主板的 USB 主控芯片和 USB 设备的芯片。USB 接口可以带有供电线路，这样 USB 设备例如移动硬盘等就不用再接一条电源线了，现在支持 USB 接口的手机也可以通过电脑来充电。

USB 接口方式有三种：Type A 型、Type B 型和"Mini"型。PC 上常见的是 Type A 型，一些 USB 设备上(一般带有连接线缆)常使用 Type B 型，而 Mp3、相机、手机等小型数码设备上通常使用 Mini USB 型接口。图 3 - 1 所示是主机上的 USB 接口；图 3 - 2 所示是 USB 的连接线接头，上面常常会有 USB 的 Logo。

图 3 - 1　USB 接口

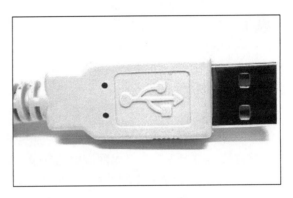

图 3 - 2　USB 连接线接头

(2) PS/2 接口

PS/2 名字源自 IBM PS/2，这种接口广泛应用在键盘和鼠标上面，已经是它们的标准了。PS/2 接口现在缓慢被 USB 所取代。计算机上的 PS/2 接口如图 3 - 3 所示，左边的有颜色标志，右边的一个是老式的没有颜色标志的。没有颜色标志的 PS/2 接口上就很容易把键盘和鼠标插混了，但是不用担心，这不会导致什么故障的，只会使两者都不能使用而已，不过很多系统可能会因此不能启动了，这时只要把两个接口交换过来就可以了。

如图 3 - 4 所示，现在的 PS/2 接头一般都有颜色标志。绿色的用作鼠标，紫色的用作键盘。

图 3 - 3　PS/2 接口

图 3 - 4　鼠标的 PS/2 接头

(3) VGA(Video Graphics Array)显示接口

PC 和显示器的标准接口是 15 针的 Mini D - Sub 接口，如图 3 - 5 所示。图 3 - 6 是最常见的显示器模拟接头。我们也可以使用一个适配器把模拟显示器和 DVI - I 接口连接起来。这种 D - sub 接口传输 RGB 三色信号，同时还传输 H - Sync、V - Sync 等信息。

图 3-5　显卡上的 VGA 接口

图 3-6　显示器上的 VGA 接头

（4）RJ-45 网卡接口

如图 3-7 所示，RJ-45 网卡是最为常见的一种网卡，也是应用最广的一种接口类型网卡，这主要得益于双绞线以太网应用的普及。因为这种 RJ-45 接口类型的网卡就是应用于以双绞线为传输介质的以太网中，它的接口类似于常见的电话接口 RJ-11，但 RJ-45 是 8 芯线，而电话线的接口是 4 芯的。在网卡上还自带两个状态指示灯，通过这两个指示灯颜色可初步判断网卡的工作状态。

很多网卡上都带有标志网络连通状态的 LED 指示灯。在使用时，用户需要注意 RJ-45 接口旁标注的是"LAN""ISDN"还是"DSL"。在欧洲和北美，ISDN 等网络设备都使用 RJ-45 接口。而在北美宽带连接比较普及，但只有 DSL 使用 RJ-45，Cable Modem 通常使用 BNC 接口。

图 3-7　RJ-45 接口和指示灯

图 3-8　RJ-45 网线接头

RJ-45 网线接头如图 3-8 所示。千兆的以太网双绞连接线正在取代百兆的。双绞网线有两种：一种是广泛使用的直连线；另一种是特殊情况下使用的交叉线。如果是 PC 连接交换机或是其他网络接口等，或是其他连接的双方地位不对等的情况下都使用直连线，而如果连接的两台设备是对等的，例如都是两台 PC、笔记本等，就要使用交叉线了。两者的差别是线序不一致，接头是一样的。

（5）RJ-11 调制解调器接口

RJ-11 接口和 RJ-45 接口在外形上比较相似，如图 3-9 所示。不过 RJ-11 有四个接触点，而 RJ-45 有 8 个，RJ-11 在电脑里主要是用在调制解调器上，因为很多国家的电话接头都不一样，因此 RJ-11 的转接器也比较多。RJ-11 接头如图 3-10 所示。

RJ-45 和 RJ-11 接头由于其外观像水晶一样晶莹透亮，所以也叫水晶头。

**图 3 – 9　RJ – 11 调制解调器接口**

**图 3 – 10　RJ – 11 接头**

（6）串口

如图 3 – 11 所示串行接口，简称串口，也就是 COM 接口，是采用串行通信协议的扩展接口。通常用于连接鼠标和外置 Modem 以及老式摄像头和写字板等设备。串口的出现是在1980 年前后，数据传输率是 115 kbps ~ 230 kbps，目前部分新主板已开始取消该接口。

**图 3 – 11　串口**

**图 3 – 12　并口**

（7）并口

如图 3 – 12 所示并行接口，简称并口，也就是 LPT 接口，是采用并行通信协议的扩展接口。并口的数据传输率比串口快 8 倍，标准并口的数据传输率为 1Mbps 以上，一般用来连接打印机、扫描仪等。所以并口又被称为打印口。并行接口设备的数据传输率很低，已被 USB和火线接口取代。

（8）音频接口

目前主板中常见的接口分为两种，有如图 3 – 13 所示的 8 声道（6 个 3.5 mm 插孔）或如图 3 – 14 所示的 6 声道（3 个 3.5 mm 插孔）。

①3 个插孔的音频接口：

● 蓝色：音频输入端口。可将 MP3、录音机、音响等的音频输出端通过双头 3.5 mm 的音频线连接到电脑，通过电脑再进行处理或者录制，一般人不会用到。蓝色接口在四声道/六声道音效设置下，还可以连接后置环绕喇叭；在八声道输出时，仍为音频输入端口。

● 绿色：音频输出端口。用于连接耳机或 2.0、2.1 音箱。

● 粉红色：麦克风端口。用于连接到麦克风。当通过视频聊天时网友听不到你说话声音，可能就是这个接口没有接好。

②6 个插孔的音频接口：

整合八声道的音频芯片一般带有 6 个 3.5 mm 的音频接口。由于在原来六声道 3 个接口的基础上增加了 3 个接口，在分工方面更加细腻，避免设置多声道而牺牲了麦克风和音频输入的功能，从而减少了应用时反复设置的麻烦。增加的 3 个音频接口的功能如下：

- 黑色：后置环绕喇叭接头。在四声道/六声道/八声道音效设置下，用于连接后置环绕喇叭。
- 橙色：中置/重低音喇叭接头。在六声道/八声道音效设置下，用于连接中置/重低音喇叭。
- 灰色：侧边环绕喇叭接头。在八声道音效设置下，用于连接侧边环绕喇叭。

图 3 - 13　6 个插孔的音频接口

图 3 - 14　3 个插孔的音频接口

### 2. 正确连接耳麦，设置录音与放音属性

（1）耳麦与主机接口的正确连线

为确保麦克风能正常工作，先将麦克风的插头插入声卡的麦克风（MIC）插座（粉红色）中，然后试一下麦克风，确保在音箱中能听到麦克风中传入的声音。

（2）录音与放音的设置

①放音的设置

有两种操作方式可以启动"音量控制"面板：第一种是双击任务栏右边的"小喇叭"；第二种是单击"开始"|"程序"|"附件"|"娱乐"|"音量控制"。打开如图 3 - 15 所示的主音量设置面板，调节放音音量的主要是调节主音量滑块，调好后，直接关闭面板。如要设置录音，则不要关闭面板，继续操作。

②录音的设置

在主音量的"选项"下拉菜单中点击"属性"，打开如图 3 - 16 所示的"属性"对话框。设置混音器为"SoundMAX Digital Audio"，调节音量为"录音"，选好后点击"确定"，弹出录音控制面板，如图 3 - 17 所示。用对应滑块调节麦克风的音量。麦克风音量设置不要太小，否则，因为录音时输入的音量太小，录制好的声音回放时效果不好。调节好后，直接关闭面板。

注意不同配置的计算机，面板内的选项会略有不同。

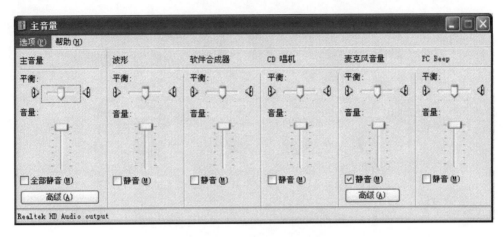

图 3 – 15　"主音量"控制面板

图 3 – 16　"属性"面板

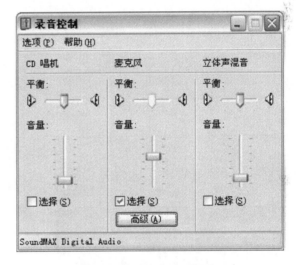

图 3 – 17　"录音控制"面板

### 3. 常见的其他数字音频硬件

计算机连接的常见的音频设备有话筒、音频播放设备、MIDI 合成器、耳机、扬声器等。

## 3.1.4　课后思考与练习

绝大部分的 PC 配置的是 Realtek 的声卡,这种声卡一般会安装 Realtek 高清音频管理器。可以对音频进行更详细的设置。课后有条件的同学可以自己学习并设置。下面简单介绍这款应用小程序。

Realtek 音频管理器的位置在:开始→设置→控制面板→Realtek 高清晰音频配置,如图 3 –18所示。打开 Realtek 高清晰音频配置的界面(如图 3 –19 所示),可以看到有音效、混频器、音频 I/O、麦克风、3D 音频演示、电源管理等选项卡,台式机没有电源管理这一项。

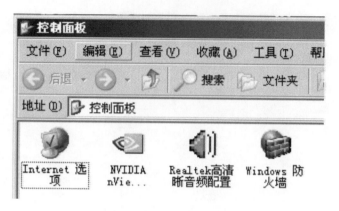

图 3 – 18　控制面板中 Realtek 高清音频管理器

Realtek 音频管理器默认的界面是"音效",通过这个配置窗口可以实现诸如石头走廊、浴室、下水道、竞技场、礼堂等背景环境。当然,也可以通过调节均衡器来实现你想要的特殊风格,如流行、古典、摇滚、爵士乐、高低音等。

Realtek"混频器"可以对路线音量、麦克风音量、CD 音量以及波形等进行大小的调整。

Realtek"音频 I/O"界面如图 3 – 20 所示,可以选择声道,让音效发挥最好。其模拟后面板接口功能可以及时监控电脑接入的声音设备,对设备插在哪个插口非常直观。通过左边的"电脑桌"下面的"播放"按钮可以对声音设备进行检测以便及时了解其工作状况。

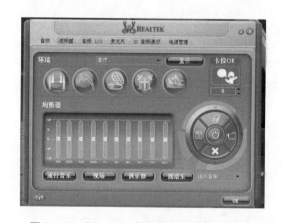

图 3 – 19　"Realtek 高清晰音频配置"的界面

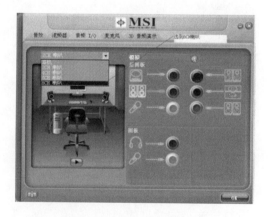

图 3 – 20　"音频 I/O"界面

## 3.2　录制音频文件

### 3.2.1　实验目的

(1)掌握 Windows 自带的"录音机"软件的使用。

(2)掌握常用的录音软件。

（3）掌握使用录音软件进行声音的采集。

## 3.2.2　实验环境

（1）多媒体计算机。

（2）Windows 操作系统。

（3）CD 播放器（可选，用于录制来自 CD 声源的音频）和 CD 音乐光盘。

（4）Windows 自带的"录音机"软件。

（5）Sony Sound Forge 软件。

## 3.2.3　实验内容和步骤

### 1. 音频信号数字化的主要指标

由于音频信号是一种连续变化的模拟信号，而计算机只能处理和记录二进制的数字信号，因此，由自然音源而得的音频信号必须经过一定的变化和处理，变成二进制数据后才能送到计算机进行再编辑和存贮。

音频信号数字化的主要指标有采样频率、量化位数和声道数。

数字音频的原始大小的计算公式为：

$$数据量（Byte）= 采样频率 * 量化位数 * 声道数/8$$

一张 CD 唱片的采样频率为 44.1 kHz，采样数据位数为 16 位，一张 60 分钟的双声道 CD 唱片占用的存储空间为：（44.1 * 16 * 2/8）* 60 * 60/1024 = 620 MB。

### 2. 用 Windows 的"录音机"录制声音

Windows 系统下的"录音机"程序的操作界面与真实的录音机非常相似，使用非常直观和方便。底部从左到右，依次为快退、快进、播放、停止和录音按钮。录音机的最大录音能力为 60 秒。

（1）录制一段人的声音。

按照上一个实验设置好音频，并将麦克风正确连接，就可以在 Windows 环境下录音。操作步骤如下：

①单击"　开始"，指向"程序"，在弹出的下级菜单中指向"附件"，再在弹出的下级菜单中指向"娱乐"，最后在弹出的下级菜单中，选择"录音机"，如图 3 - 21 所示。

②在启动的"声音 - 录音机"对话框中，如图 3 - 22 所示，如果要录音，单击"　"键开始录音，对着麦克风讲话，即可完成录音工作。讲话时，在操作界面上可以看到声音的波形和当前已经录制的时间，随着人的讲话，应该可以看到波形的变化，如图 3 - 23 所示。讲完后，单击停止按钮。

③录音完毕，单击"　"键。

④单击"　"可回放，收听录音效果，若不满意，可重新录制。

⑤单击"文件"|"另存为"命令，则弹出"另存为"对话框。

⑥在该对话框中的"文件名"输入框中键入录制的声音文件的名称，在"保存在"输入框中选择保存的位置。

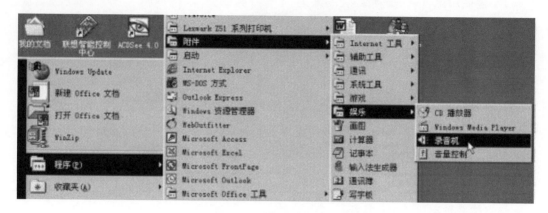

图 3 – 21　选择"录音机"工具

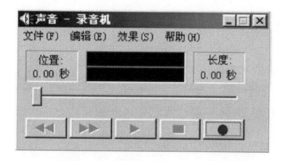

图 3 – 22　"声音 – 录音机"对话框

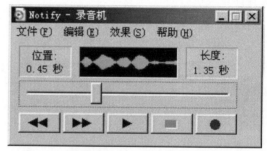

图 3 – 23　录音机正在录音

⑦单击" 确定 "按钮，就可以将已经录入的声音以 WAV 文件的格式保存在指定的位置。

（2）录制一段外来声音源的声音。

①将外来声音源的输出插头插入到声音卡的线路输入插座中，然后执行"程序"|"附件"|"娱乐"|"音量控制"。在"主音量"选项下拉列表中选择属性，设置混音器为输入，调节音量为录音，点击"确定"后，出现"录音控制"对话框，然后，设置一下线路输入的音量。

②启动"录音机"程序，方法同上。

③开始录音，方法同上。

④保存录音，方法同上。

（3）录制一段 CD 光盘声音。

Windows 系统可以将声音或音乐从光盘上录制到硬盘。这需要同时使用"CD 播放器"和"录音机"程序来实现。从光盘上录音的步骤为：

①调整 CD 音频的录音音量。执行"程序"|"附件"|"娱乐"|"音量控制"，在"录音控制"对话框中，设置一下 CD 音频的录音音量。为了保证 CD 音频录音时的质量，应该将"麦克风""线路输入"和"MIDI"等选项下的"选择"项取消，只保留"CD 音频"被选中。如图 3 – 24所示。

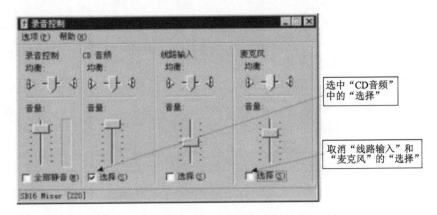

图 3-24　录音控制

②为确保 CD-ROM 驱动器能正常地播放 CD 唱片，将准备录音的 CD 唱片放入 CD-ROM 驱动器中，然后执行"程序"｜"附件"｜"娱乐"｜"CD 播放器"。

"CD 播放器"的操作界面上主要包括了"播放""暂停""停止""前一曲""快退""快进""下一曲"和"出盒"等按钮。可以单击"播放"按钮试听一下，如图 3-25 所示。

图 3-25　CD 播放器的操作界面

③开始录音。同时运行"CD 播放器"和"录音机"程序，如果要录制 CD 音频中的某一段音乐，可以先"播放"，然后"暂停"，再通过"快进""快退"等按钮，定位于准备录音的起始位置。

先单击"录音机"的"录音"按钮，然后单击"CD 播放器"的"播放"按钮，即可将正在播放的 CD 音频录制下来。

④录制结束时，应该先停止"录音机"再停止"CD 播放器"。

⑤保存已经录制的 CD 音频，方法同上。

（4）设置 Windows"录音机"的录音质量。Windows 下的"录音机"程序录制音频文件时，影响声音质量的主要指标有以下三个。

①声道的选择。录音分单声道录音和立体声录音。以立体声录制的声音比以单声道录制

的声音更逼真，但存储立体声声音文件需要两倍于单声道的存储空间。

②量化位数的选择。有 8 位和 16 位录音。现在的声卡都是 16 位或 32 位的声卡，可以任选 8 位或 16 位中的一种模式进行录音。以 8 位模式录音生成的声音文件较小，但听起来的声音效果没有 16 位模式录制的声音好。

③采样频率的选择。有 11 kHz、22 kHz 和 44 kHz 的采样频率录音。以 44 kHz 的采样频率能录制出最好的声音，生成的声音文件比较大；以 11 kHz 或 22 kHz 的采样频率录音，它们的声音效果不十分好，但它们的声音文件比较小。

"录音机"默认的录音参数一般是：采样频率 22 kHz，量化位数 16 位，单声道。如果要更改参数，必须在软件中设置参数，设置步骤如下：

①启动"录音机"程序，打开如图 3 – 22 所示的录音机界面。执行菜单"文件"中的"属性"命令，弹出的"声音的属性"窗口如图 3 – 26 所示，在"选自"下拉框中选择"录音格式"。

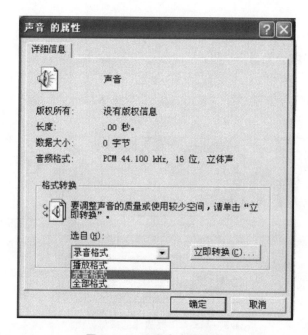

图 3 – 26　设置声音的属性

②点击"立即转换"，弹出如图 3 – 27 所示的对话框，在"名称"的下拉框中选择"CD 音质"。

**注意：** 音乐 CD 文件的标准采样频率为 44.1 kHz，量化位数为 16 位，双通道，可以几乎无失真地播出频率高达 22 kHz 的声音，这也是人类所能听到的最高频率声音。

③点击"确定"按钮，回到声音的属性对话框，再点击"确定"，退出声音的属性选择。

（5）用 Windows"录音机"转换音频文件的属性。对一个已经录制好的声音文件，使用 Windows 系统中的"录音机"程序，可以改变声音的三个属性。要注意的是，声音属性的转换是单向的。即一般是将属性从声音效果好的向声音效果差的方向转换，这样可以缩小文件的大小。但一般没有必要将属性从声音效果差的向声音效果好的方向转换，因为通过转换声音属性除了增加声音文件的大小外，并不能改善实际的声音效果。

其转换的步骤是：

①启动"录音机"程序，并打开需要转换属性的声音文件。

②执行"录音机"的菜单"文件"中的"属性"命令。在弹出的"声音的属性"窗口中，单击"立即转换"按钮，如图 3 - 26 所示。

③在弹出的"声音选定"窗口中，在下拉列表中选择合适的声音"属性"，从"8 kHz，8 位，单声 8 KB/s"到"44.1 kHz，16 位，立体声 172 KB/s"中任选一个属性进行转换。如图 3 - 28 所示。

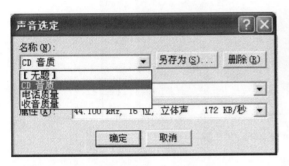

图 3 - 27　选择录音时声音的品质

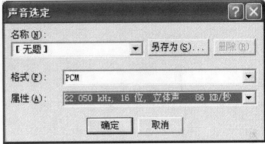

图 3 - 28　选择声音的属性

④单击"确定"按钮，就可以进行属性的转换。然后回到"声音的属性"窗口，在"声音的属性"窗口中，单击"确定"按钮。

⑤保存已经转换属性的声音文件。

特别步骤：比较转换属性前后的音频文件的存储大小。

### 3. 用 Sound Forge 录音

音频处理软件按录音模式可以分为单轨录音和多轨录音。单轨录音指同时只能一个声部的录制，多轨录音指同时可以多个声部的录制。Sound Forge 是单轨录音的首选软件。

Sound Forge 是由 Sonic Foundry 公司开发的。它能够非常方便、直观地实现对音频文件（wav 文件）以及视频文件（avi 文件）中的声音部分进行各种处理，满足从最普通用户到最专业的录音师的所有用户的各种要求，所以一直是多媒体开发人员首选的音频处理软件之一。Sony Sound Forge 9.0 的录音步骤如下：

（1）选定录音设备。正式开始录音之前，先要设置录音的通道，录音通道在如图 3 - 24 所示录音控制面板中设置，如果录制的是"CD 音频"，就选择"CD 音频"，这时录音通道就指向 CD 播放器，其他设备不要选中。如果用麦克风录音，先将麦克风的插头插到声卡的"MIC"插孔里后，然后和 CD 音频一样在录音控制面板选中"麦克风"，这时录音通道就指向麦克风录音，同样其他设备不要选中。有的声卡支持录音通道指向多个放音设备，但如果要减少杂音，获得好的录音效果的话，最好一次只激活一个放音设备。比如不录制麦克风的声音的话，就不要把"麦克风"选中，否则可能将外界环境的声音录到计算机中去。

（2）打开 Sony Sound Forge 9.0，界面如图 3 - 29 所示。

（3）单击"录音"按钮，如图 3 - 30 所示。

Sound Forge 会新建一个声音文件，并打开录音对话框。出现录音界面如图 3 - 31 所示。

**图 3 – 29　Sony Sound Forge 9.0 界面**

**图 3 – 30　单击录音按钮**

这里可以选择你要新建音频文件的基本特性：采样率、采样深度以及单声道和立体声的选择。

左上角的"录音音质：44,100 Hz,16 Bit,Stereo"显示的是当前的录音格式，系统一般来说会保留上一次录音的格式。

"方法"栏是录音方式。一般系统默认的是标准手动录音。

"模式"栏是录音模式。一般系统默认的就可以了。这种模式下，Sound Forge 每进行一次录音操作，就自动做一个标记。标记对声音文件的播放没有任何影响。

"开始"栏里写的是录音的开始时间，一般设置为 0。当我们在一个已经打开的声音文件中录音时，可以根据自己的意愿选择录音开始的时间，在这一栏中输入就可以。比如，我们想从某一段音乐的第 5 秒钟开始录音，那么在这一栏中输入 00：00：05：000。这时，再点击录音按钮，就是从文件的第 5 秒开始录音了。

两个彩条是左右声道音量监视器。选中"监视"选项，就可以在录音的同时监视音量的大小了。监视器上方的这两个数字表示左右声道到目前为止最大的音量值。

以上参数设置好后，点击图中所示"录音"按钮开始录音。

**注意：**如果录制的是 CD 音频，同时开始播放 CD 音频。

图 3 – 31　录音操作界面

（4）开始录音后，界面上以红色光带显示录音状态，如图 3 – 32 所示。单击"停止"按钮可以停止录音。

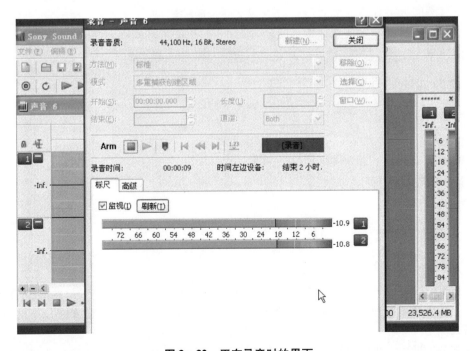

图 3 – 32　正在录音时的界面

### 4. 用 Adobe Audition 录音

多轨音频编辑软件 Adobe Audition 也可以用于录音，但软件的特点是对音频文件进行单轨或多轨编辑，故放在 3.4 节音频文件的编辑里介绍。

### 3.2.4 课后思考与练习

（1）数字音频通常使用的采样频率为多少？

（2）使用 Windows 的"录音机"录制 30 秒的音乐文件，分别采用如下表给出的技术指标，生成两个 wav 文件，记录文件的数据量，比较它们声音的视听效果。

| 采样率(kHz) | 量化位(bit) | 声道数 |
|---|---|---|
| 11.025 | 8 | 单 |
| 44.1 | 16 | 双 |

（3）本节中介绍的软件 Sony Sound Forget 和 3.4 节将介绍的音频编辑软件 Adobe Audition 都可用于录音，比较两款软件的功能，各有什么特色。

## 3.3　音频播放软件的使用

### 3.3.1 实验目的

（1）了解不同数字音频指标对所生成声音文件音质的影响。
（2）掌握音频播放器的基本使用方法。
（3）比较 WAV 文件与 MIDI 文件在格式、容量及声音效果上的不同。

### 3.3.2 实验环境

（1）多媒体计算机。
（2）Windows 操作系统。
（3）Windows 自带的"录音机"软件。
（4）音频播放软件"百度音乐"。
（5）音乐 CD 光盘。

### 3.3.3 实验内容和步骤

#### 1. 用 Windows"录音机"播放声音

Windows 系统中"录音机"程序也有放音功能，但只能用来播放 WAV 格式的声音文件。如果要播放其他格式的声音文件，可用现在流行的"百度音乐"播放器，它支持几乎所有常见的音频格式。

在这部分实验中，我们可以播放上一节实验中保存的音频文件，特别是改变音频文件的属性后，声音质量是否能听出有所改变。

播放声音文件的步骤如下：

（1）在"录音机"操作界面的菜单上执行"文件"中的"打开"命令。

（2）选择要播放的声音文件。如图 3 – 33 所示。

（3）单击"播放"按钮，播放已经打开的声音文件。如图 3 – 34 所示。

图 3 – 33　打开声音文件界面

图 3 – 34　正在播放声音文件的界面

　　操作界面上的位置滑块指示当前的播放位置，可以随意地移动滑块到新的位置进行播放。

### 2. 使用"百度音乐"播放音乐

　　"百度音乐"的前身是"千千静听"，是一款完全免费的音乐播放软件，最早由上海人郑南岭开发。"千千静听"安装文件很小，小巧精致，功能强大，播放音质精美，曾是国内最受欢迎的音乐播放软件。2013 年 7 月，百度音乐旗下 PC 客户端"千千静听"正式进行品牌切换，更名为百度音乐 PC 端。此次品牌切换传承了千千静听的优势，并增加了独家的智能音效匹配和智能音效增强、MV 功能、歌单推荐、皮肤更换等个性化音乐体验功能。在百度或其他搜索站点键入"百度音乐",即可很方便地下载到"百度音乐"。

　　如图 3 - 35 所示是"百度音乐"9.1.5.3 版的下载界面,根据需要可下载相应的版本并安装。图 3 - 36 是电脑版"百度音乐"的部分主界面。

**图 3 - 35　"百度音乐"的下载界面**

**图 3 - 36　"百度音乐"的部分主界面**

"百度音乐"电脑版有如下特色:

(1)正版超高品质、无损音乐下载。

(2)多种音效插件,给你震撼试听体验。

(3)权威榜单、音乐专题、歌单等帮你发现好音乐。

(4)个人的、安全永久的超大云音乐存储空间。

(5)个性化皮肤,同步歌词。

**3. 电脑制作音乐格式 MIDI**

MIDI 文件和 WAV 文件是目前计算机上最常用的两种音频数据文件。

MIDI(Musical Instrument Digital Interface)是乐器数字接口的缩写,泛指数字音乐的国际标准,它是音乐与计算机结合的产物。MIDI 不是把音乐的波形进行数字化采样和编码,而是将数字式电子乐器的弹奏过程记录下来。MIDI 文件是一种描述性的"音乐语言",它不记录声音的波形,而是记录如何产生音乐所需的所有指令。这一系列指令可记录到以".MID"为扩展名的 MIDI 文件中。在计算机上音序器可对 MIDI 文件进行编辑和修改。MIDI 文件数据量比 WAV 文件可减少数百至上千倍。

当需要播放 MIDI 乐曲时，根据记录的乐谱指令，通过音乐合成器生成音乐声波，经放大后由扬声器播出。所以电脑对 MIDI 信息的识别和声卡的质量可以使播放效果完全不同。

Sonar 是在电脑上创作声音和音乐的专业工具软件。Sonar 的前身是著名的音乐制作软件 CakeWalk，它在 MIDI 制作、处理方面，功能超强，操作简便，具有无法比拟的绝对优势。

### 3.3.4　课后思考与练习

(1)使用"百度音乐"语音搜歌功能进行搜歌。

(2)音频的格式很多，同一个音乐文件的大小也不一样，下载试听各种格式的播放效果。

# 3.4　单轨音频的编辑

### 3.4.1　实验目的

(1)用声音编辑工具软件录制声音文件。

(2)掌握对声音文件进行简单的裁剪、合并、混和等操作。

(3)对录制的声音进行波形编辑(单轨)。

### 3.4.2　实验环境

(1)多媒体计算机。

(2)Windows 操作系统。

(3)Windows 自带的"录音机"程序。

(4)Adobe Audition 音频编辑软件。

### 3.4.3　实验内容和步骤

#### 1. 用 Windows 的"录音机"简单编辑声音

利用 Windows 系统中"录音机"程序能够实现对 WAV 格式声音文件的简单编辑，可以对已有的 WAV 格式声音文件进行裁剪、合并、混音和属性转换。如图 3 – 37 所示是"录音机"的"编辑"菜单。

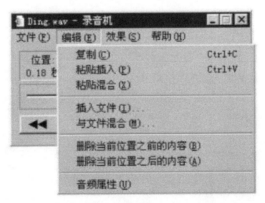

图 3 – 37　Windows"录音机"的"编辑"菜单

（1）对声音的裁剪

Windows 系统中的"录音机"程序提供了两种声音裁剪的方式。一种是剪去当前点以前的声音，另一种是剪去当前点以后的声音。通过这两种裁剪方法的综合使用，可以得到我们需要的声音片断。

裁剪声音的操作步骤是：

①启动"录音机"程序并打开需要编辑的 WAV 格式声音文件。

②将滑块移到希望保留声音的开始位置。

③执行"录音机"菜单"编辑"中的"删除当前位置之前的内容"命令，在弹出窗口中单击"确定"按钮，即可剪去当前位置前不要的声音。

④将滑块移到希望保留声音的结束位置。

⑤执行"录音机"菜单"编辑"中的"删除当前位置之后的内容"命令，在弹出窗口中单击"确定"按钮，即可剪去当前位置后不要的声音。

⑥试听一下，检查声音是否在指定的位置开始和结束，如果不对可以放弃这些操作，重新打开该声音文件重新裁剪。如果声音的位置符合要求，就可以保存裁剪好的声音。

（2）合并多个声音文件

如果希望将两个 WAV 格式声音文件中的声音合并为一个声音文件，比如，我们知道"录音机"程序的录音功能最多只能提供 60 秒钟的录音时间，如果需要录制的声音长度超过了这个时间限制，那就不可能一次性录制完成。可以将这一段声音分几次录制，分别保存起来，然后再将他们合并成一个声音文件，这个合并起来的声音数据文件是没有 60 秒钟时间长度限制的。

在 Windows 系统中，使用"录音机"程序合并多个声音文件有两种不同的方法，一种方法是从其他声音文件中将声音插入到当前打开的声音文件的指定位置后面。合并声音文件的具体步骤是：

①启动"录音机"程序，并打开第一个声音文件。

②如图 3 - 38 所示，将滑块移动到第二个声音文件准备插入的位置。

③如图 3 - 39 所示，执行"录音机"菜单"编辑"中的"插入文件"命令。

④在弹出的"插入文件"窗口中，选中第二个声音文件后，单击打开按钮。

⑤保存合并后的声音文件。

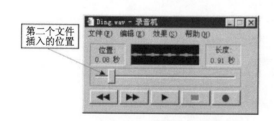

图 3 - 38　第二个文件插入的位置

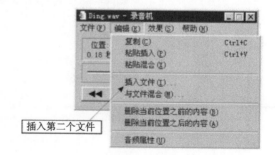

图 3 - 39　选择"插入文件"

另一种方法，则是利用 Windows 系统的剪贴板，可以将剪贴板中的声音插入到当前打开的声音文件指定位置的后面。运用这种方法合并声音文件的步骤是：

①启动"录音机"程序，并打开第二个声音文件。

②如图 3 - 40 所示，执行"录音机"菜单"编辑"中的"复制"命令，将这段声音复制到剪贴板上。

③打开第一个声音文件，并将滑块移动到第二个声音文件准备插入的位置。

④如图 3 - 41 所示，执行"录音机"菜单"编辑"中的"粘贴插入"命令。

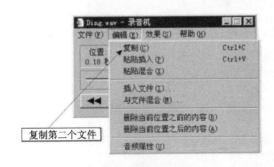

图 3 - 40　复制第二个文件

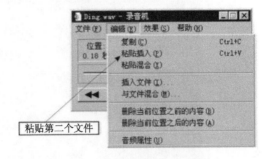

图 3 - 41　粘贴第二个文件

⑤保存合并后的声音文件。

（3）两个声音文件的叠加

为了增强声音的效果，可以将两种不同的声音进行叠加，即混音。混音的操作步骤是：

①启动"录音机"程序，并打开第一个声音文件。

②将滑块移动到准备混合第二个文件的开始位置。

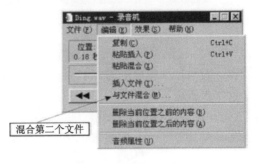

图 3 - 42　混合第二个文件

③如图 3 - 42 所示，执行"录音机"菜单"编辑"中的"与文件混合"命令。

④在弹出窗口中，选择第二个声音文件，单击"打开"按钮。

⑤试听一下，再保存混音后的声音文件。

声音文件的混音，除了用"与文件混合"命令外，还可以使用"粘贴混合"命令，方法与声音文件合并时的"粘贴插入"类似。

**2. 使用"Adobe Audition"单轨编辑界面对声音波形进行处理**

Adobe Audition 是美国 Adobe Systems 公司开发的一款功能强大、效果出色的多轨录音和音频处理软件。它可提供先进的音频混合、编辑、控制和效果处理功能。Adobe Audition 具有灵活的工作流程，使用非常简单并配有绝佳的工具，可制作出音质饱满、细致入微的高品质音效。

Adobe Audition CS6 的主界面如图 3 - 43 所示。图中左上角菜单栏下，点击"编辑"图标是单轨编辑模式，点击"多轨"图标是多轨编辑模式。这两种模式在编辑中可以切换。在单轨界面中,可以录制声音,对声音波形进行复制、剪切、粘贴、删除、移动等操作,还可以改变波形振幅(音量)、消除录音中的噪声、对声音的开始和结束淡入淡出,改变选中声音的音调等。

图 3 - 43　Adobe Audition CS6 主界面

(1)在单轨编辑界面下录制一段自我介绍:

①将话筒与计算机声卡的 Microphone 接口相连接。

②设置录音选项的来源为 Microphone。

③启动 Adobe Audition CS6 软件,单击工具栏中的"波形"按钮,弹出"新建音频文件"对话框,设置 44100Hz 的采样频率、立体声和 16 位的位深度,单击"确定"按钮,如图 3 - 44 所示。

④单击"走带"面板中的"录制"按钮,开始对着话筒朗读已经准备好的自我介绍,进行试录,如图 3 - 45 所示。

图 3 - 44　"新建音频文件"对话框

图 3 - 45　单击"录制"按钮

⑤试录时,以高声朗读的部分为基准,先观察电平面板的指示,再调节录音电平的高低。

如图 3 - 46 所示电平面板是电平过大状态，以不出现红色部分的最大值比较好。

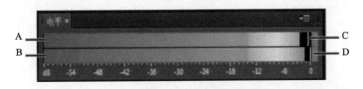

A—左声道　　　B—右声道　　　C—峰值指示器　D—剪切指示器

**图 3 - 46　电平面板"电平过大"状态**

一般情况下在录音时要尽量将声音以最高电平经话筒录制到计算机中，声音电平越高，清晰度就越高。不过声卡对声音电平是有最高限度的要求，电平过高，会出现爆音。所以先试较高音量部分，看电平面板指示，再调节电平面板。

⑥停止试录，重新建立一个音频文件，对录音的各注意事项检查完毕后，单击"录制"按钮，开始正式录音。在录音的同时能够看到波形出现在软件中，如图 3 - 47 所示的就是正常情况。录完后保存备用。

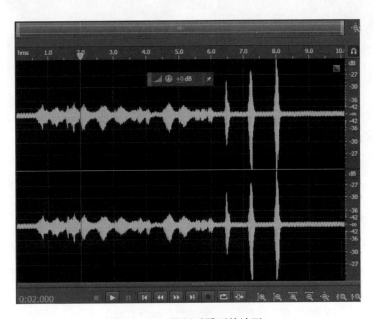

**图 3 - 47　录制时看到的波形**

（2）为一段录制的声音降低噪声。

①打开上次录制的自我介绍，一般情况下，录制的声音中都会或多或少地夹杂一些噪声，如图 3 - 48 所示。

②放大波形，找到一段停顿的区域，用鼠标左键拖出选区，如图 3 - 49 所示。

③单击"▶"播放按钮，监听声音内容，确定是否是一段噪声。如果选区有错误，把正常朗读的声音也选进来，那么要重新创建选区，直到选区内只包含噪声为止。

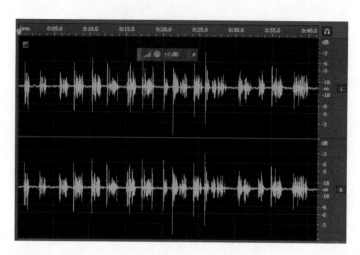

图 3 – 48　录制的波形

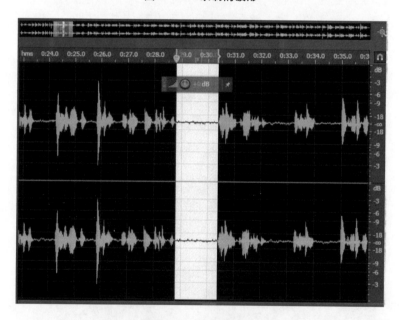

图 3 – 49　录制的波形

　　④选择"效果"|"降噪/修复"|"捕捉噪声样本"命令，如图 3 – 50 所示。

　　⑤弹出"捕捉噪声样本"对话框，如图 3 – 51 所示。点击"确定"，噪声样本被采集。如果不想这个对话框出现，可勾选"不再显示此警告"，再"确定"。

　　⑥选择全部波形，选择"效果"|"降噪/修复"|"降噪"命令，如图 3 – 52 所示。

　　⑦弹出"效果 – 降噪"对话框，其中显示已采集的噪声样本数据，单击"应用"按钮，如图 3 – 53 所示。

　　"效果 – 降噪"对话框的降噪强度是用来调整降噪程度的，数值越大降噪的程度越高。但是，降噪程度过大会影响原音频的质量，出现失真的音频效果。所以要适当地设置降噪级别。

图 3 – 50　选择"捕捉噪声样本"命令

图 3 – 51　选择"降噪"命令

⑧降噪处理后的波形中,有语音停顿的那些波型基本都变成一条很细的直线,说明降噪成功,如图 3 – 54 所示。

⑨最后保存文件即可。

(3)把一个人的声音变调为多个不同声音

①启动 Adobe Audition CS6 软件,进入单轨界面,新建一个声音文件。然后单击"打开"命令,如图 3 – 55 所示,在"打开"对话框中找到准备好的素材"粗鲁的小老鼠"。波形如图 3 – 56所示。声音文本如下,由女声录制。

从前有一只小老鼠,总觉得自己了不起,对别人很不礼貌。

一次他去上学,一只蜗牛迎面走了过来,挡住了他的去路。小老鼠凶巴巴地说:"小不点儿,滚开,别挡我的路!"小老鼠说着一脚踢了过去,把蜗牛踢得滚出去很远。

有一次,小老鼠到河边喝水,觉得河里的一条小鱼妨碍了他,于是,捡起一块石头就扔了过去。小鱼受到袭击,吓了一跳,慌忙躲避。小老鼠哈哈大笑说:"知道我的厉害了吧!"

一天晚上,小老鼠在回家的路上看见一只小猪躺在路边,就趾高气扬地说:"谁给你这么

图 3 – 52　选择"捕捉噪声样本"命令

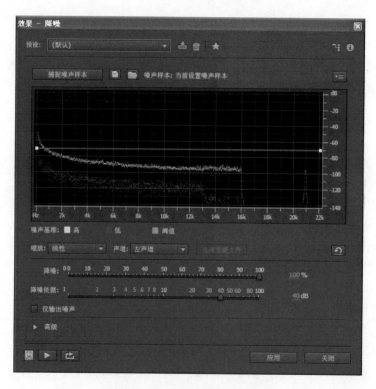

图 3 – 53　"效果 – 降噪"对话框

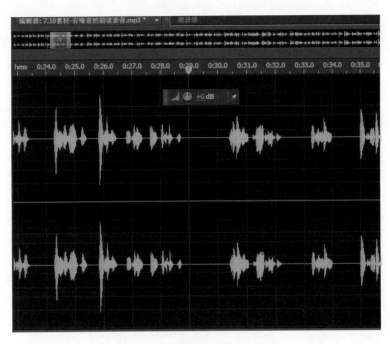

图 3 – 54　降噪后的声音波形

图 3 – 55　"打开"命令

大的胆子，竟敢挡住我的路！"说着，一脚踢了过去。"嘭"地一声，小老鼠正好踢到小猪的脚上，小猪倒没什么事，小老鼠却"唉呦，唉呦"地叫了起来，原来他的脚肿起了一个大包。小猪站起来对小老鼠说："你对别人傲慢无礼，不懂得尊重人，今天尝到苦头了吧！只有尊重别人，才能获得别人的尊重。"小老鼠看着受伤的脚，羞愧地低下了头。

　　②调整音量。全选波形，选择"效果"|"振幅与压限"|"标准化"，如图 3 – 57 所示。弹出"标准化"对话框，如图 3 – 58 所示，保持默认值，单击"确定"按钮即可。此时，声音波形振幅变大，声音的音量被增大到合适的数值上。

　　③降噪。步骤参见实例"为一段录制的声音降低噪声"。

　　④改变音调。将小老鼠的对白内容处理成儿童声音的效果，小猪的对白内容处理成男孩声音的效果，旁白部分不作任何改变。

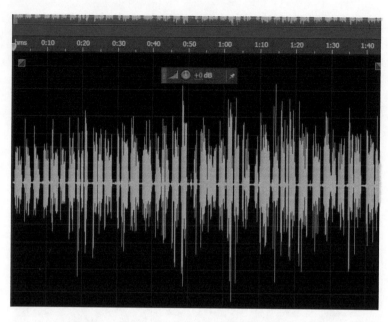

图 3 - 56 　打开后的波形文件

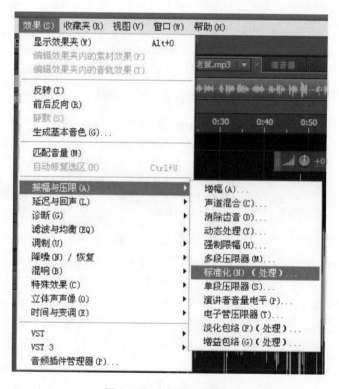

图 3 - 57 　"标准化"命令

图 3 - 58　"标准化"对话框

⑤选中小老鼠说话的波形,选择"效果"|"时间与变调"|"伸缩与变调"命令,如图 3 - 59 所示。

图 3 - 59　"伸缩与变调"命令

⑥在弹出的对话框中选择"升调",单击"确定"按钮,如图 3 - 60 所示。

⑦按照步骤⑤和步骤⑥,将小老鼠的其他对白内容也都处理成儿童声音效果。

⑧选择小猪说话的波形,选择"效果"|"时间与变调"|"伸缩与变调"命令,如图 3 - 59 所示。

⑨在弹出的对话框中如图 3 - 60 所示设置,选择换成"降调",单击"确定"按钮。

⑩试听效果,保存文件。

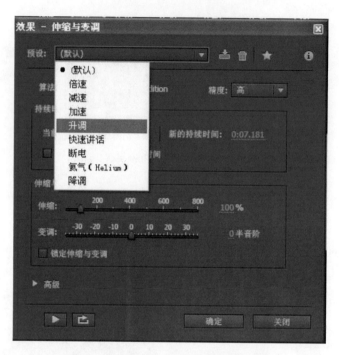

图 3 - 60　"效果 - 伸缩与变调"对话框

### 3.4.4　课后思考与练习

（1）选定录制的声音文件之一，对录音结果进行编辑处理：将文件中的噪声、杂音和多余的声音除去，保存成音频文件. wav 格式。

（2）自学单轨音频处理的其他技术，如音频反转、前后反向、改变音量等技术。

# 3.5　多轨音频的编辑

### 3.5.1　实验目的

（1）用多轨编辑界面录制声音。

（2）掌握多轨合成声音的技术。

（3）保存、刻录已经编辑好的声音。

### 3.5.2　实验环境

（1）多媒体计算机。

（2）Windows 操作系统。

（3）Adobe Audition 软件。

### 3.5.3  实验内容和步骤

#### 1. 在多轨界面下录制声音

使用话筒和 Adobe Audition CS6 软件，配合伴奏音乐，录制一首个人单曲。

①准备好伴奏文件，可以到 www.wo99.net 网站上下载，如图 5–61 所示。

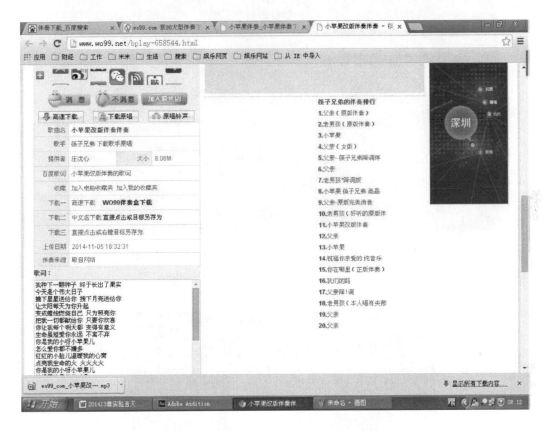

**图 3–61**  "www.wo99.net"网站下载伴奏

②将话筒与计算机的 Microphone 接口相连接，设置录音选项的来源为 Microphone。

③启动 Adobe Audition CS6，单击工具栏中的"多轨混音"按钮，弹出"新建多轨混音"对话框，设置 44100 Hz 采样频率、立体声和 16 位的位深度，单击"确定"按钮，如图 3–62 所示。

④在"媒体浏览器"界面找到选好的伴奏，右击鼠标，如图 3–63 所示，选择"插入到多轨混音中"，选择所用的伴奏混音文件。

⑤将"轨道 2"的"R（录制准备）"按钮按下，如图 3–64 所示。

⑥试音。佩戴好耳机，将口对准麦克风，然后，单击"走带"面板中的"录制"按钮。一边用耳机监听伴奏音乐，一边用话筒录制人声演唱部分。先试唱高音部分，观察电平高低的情况，步骤同"单轨录音"的试音。

**图 3 – 62　点击"多轨混音"，弹出"新建多轨混音"对话框**

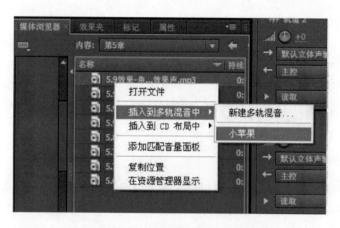

**图 3 – 63　"插入到多轨混音中"，选择文件**

　　⑦正式录音。对录音的各注意事项检查完毕后，重新回到"轨道 2"的开始处，按下"录制"按钮，开始正式录音。通常，在录音的同时能看到波形出现在软件中，就是正常的情况。如图 3 – 65 所示。

　　⑧点击菜单中的"文件" | "存储为"，弹出"存储为"的对话框，如图 3 – 66 所示，点击"确定"。存储的文件是音频编辑文件格式（可以保留多轨），如果要存储为 MP3 等播放格式，在下面一个实例中具体介绍。

图 3 – 64 按下"轨道 2"的"R（录制准备）"按钮

图 3 – 65 用"轨道 2"录音

图 3-66 "存储为"对话框

### 2. 加入淡入淡出效果的混音

准备两段音乐文件，利用 Adobe Audition CS6 合成一个新的混音文件，每一段音乐开始和结束时加入淡入淡出效果。文件输出为 MP3 格式。

①启动 Adobe Audition CS6，单击工具栏中的"多轨混音"按钮，弹出"新建多轨混音"对话框，设置 44100 Hz 的采样频率、立体声和 16 位的位深度，单击"确定"按钮，如图 3-62 所示。

②在"媒体浏览器"界面找到选好的音乐文件，右击鼠标，如图 3-63 所示，选择"插入到多轨混音中"，选择所用的音乐文件。

③裁剪需要的波形。插入后两段音乐文件分别在"轨道 1"和"轨道 2"，如图 3-67 所示，分别点击"独奏"，监听整个音乐。如图 3-68 所示，点击"时间选区工具"，选中需要的波形时间段，右击鼠标，在功能菜单里选"拆分"，如图 3-69 所示。在工具栏上单击"移动工具"

图 3-67 两段音乐文件分别在"轨道 1"和"轨道 2"

（"时间选区工具"的左边），在"轨道上"可以移动音频块，如图 3 - 70 所示。

图 3 - 68　点击"时间选区工具"

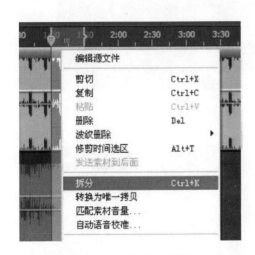

图 3 - 69　选择"拆分"

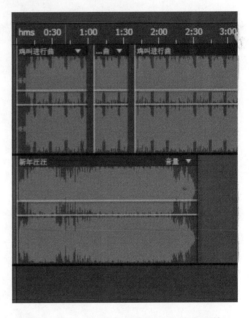

图 3 - 70　"拆分"后可以移动的音频块

　　④重复步骤③，将需要的素材"裁剪"，选中不要的素材，单击鼠标右键选"删除"，选中需要重复的素材，单击鼠标右键选"复制"。

　　⑤将鼠标转换为"移动"工具，将裁剪好的音频块在时间轴上排列好，可以放在不同的轨道上，如图 3 - 71 所示。将每个轨道的"S"独奏弹起。

　　⑥拖动鼠标设置淡入淡出效果。如图 3 - 72 所示的音量"淡入"线（轨道 1 音频块上左边曲线）和音量"淡出"线（轨道 1 音频块上右边曲线），用鼠标拖拽即可完成设置。一般来说，音乐进入时"淡入"，声音由小变大，音乐结尾时"淡出"，声音由大变小。这个效果也常用于两段音乐时间重叠处，这时的"淡入淡出"线如图 3 - 72 所示轨道 2 上的交叉曲线，用鼠标拖拽即可完成设置。

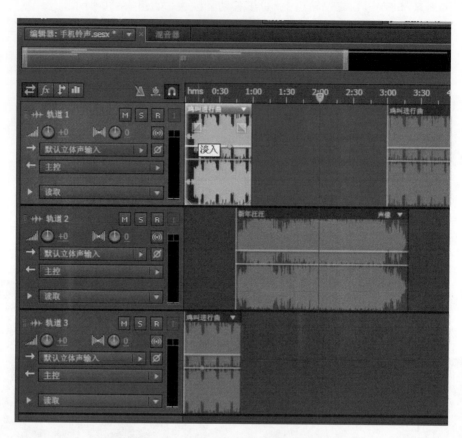

图 3 – 71　将音频块放在不同的轨道上

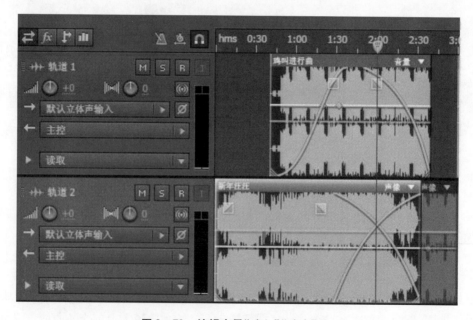

图 3 – 72　编辑音量"淡入""淡出"线

⑦从开始处监听所有声音内容，如果效果不理想，继续调整；如果效果理想，可以选择"文件"|"导出"|"多轨混缩"|"完整混音"，将音乐文件混缩成 MP3 格式，如图 3 –73 所示。

图 3 –73　多轨混缩

### 3.5.4　课后思考与练习

使用 Adobe Audition CS6 可以将自己喜欢的音乐和歌曲等音频作品刻录成 CD，刻录的具体步骤如下。

①在 CD 刻录光驱中插入一张空白的、可写入的 CD 光盘。

②启动 Adobe Audition CS6。选择"视图"|"CD 编辑器"命令，切换到 CD 刻录界面，如图 3 –74 所示。

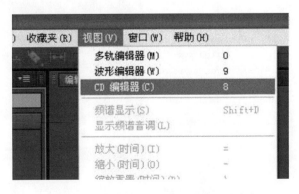

图 3 –74　选择"视图"|"CD 编辑器"命令

③将要刻录的音乐文件从媒体浏览器拖拽至 CD 编辑窗口，如图 3 – 75 所示。

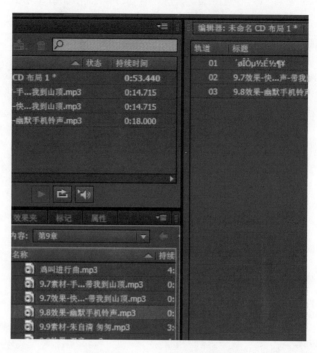

**图 3 – 75    CD 编辑器界面**

④选择"文件"|"导出"|"刻录音频为 CD"命令，如图 3 – 76 所示。

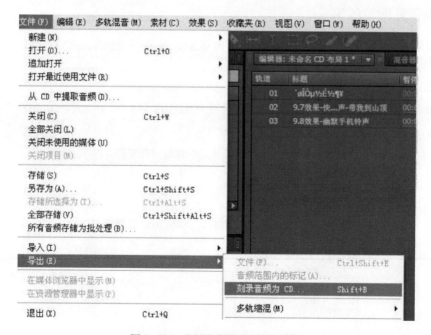

**图 3 – 76    "刻录音频为 CD"命令**

⑤在弹出的对话框中设置写入速度、重复刻录 CD 光碟数量，以及其他辅助选项，如图 3 -77所示。

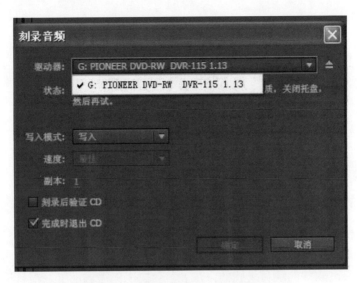

**图 3 -77　"刻录音频为 CD"对话框**

"刻录音频"对话框中部分选项含义如下：

驱动器：指定要用来刻录 CD 的设备。

写入模式：指定一个写入模式，确定是否边写入边检测。

副本：指定要刻录多少份 CD。最多可以输入 99。当刻录多份 CD 时，Adobe Audition 会在每次复制时提示用户插入新的 CD 光盘。

完成时退出 CD：如果勾选，则在刻录完毕后，CD 会自动弹出。

⑥最后，单击"确定"按钮，开始刻录。在此过程中可以看到刻录的进度。

# 第4章　视频编辑与处理

## 4.1　创建和配置项目

### 4.1.1　实验目的

(1)了解 Preimere 软件初始启动界面。

(2)掌握 Preimere 软件创建项目的工作流程。

(3)熟悉 Preimere 软件的项目设置的方法,学会按工作需求配置好项目设置。

### 4.1.2　实验环境

(1)多媒体计算机。

(2)Windows 操作系统。

(3)Premiere Pro CS6 软件。

### 4.1.3　实验内容和步骤

#### 1.项目概述

项目是一个包含了序列和相关素材的 Premiere Pro 文件,与其中的素材存在链接关系。其中储存了序列和素材的一些相关信息,例如:采集设置、转场和音频混合等。项目还包括了编辑操作的一些数据,例如:素材剪辑的入点和出点,以及各个效果的参数。在每个新项目开始的时候,Premiere Pro 会在磁盘空间中创建文件夹,用于存储采集文件、预览和转换音频文件等。

每个项目都包含一个项目调板,其中储存了所有项目中用到的素材。

#### 2.创建和使用项目

启动 Premiere Pro CS6 后,会出现一个欢迎界面,可以分别进行新建项目和打开项目,而在最近使用的项目列表中会罗列最近使用的项目,点击项目名可以将其打开,如图4-1所示。

如果当前 Premiere Pro 正在运行一个项目,则使用菜单命令"文件"|"新建"|"项目",可以新建一个项目,并且关闭当前项目。使用菜单命令"文件"|"打开项目",则可以打开一个已经存储在磁盘的项目,并且关闭当前项目。使用菜单命令"文件"|"打开最近",则可以在其子菜单中找到最近使用过的5个项目,并且将其打开。使用菜单命令"文件"|"关闭",将关闭当前项目,回到欢迎界面。使用菜单命令"文件"|"保存/另存/保存副本",可以将项目保存或者另存或者保存为一个副本。

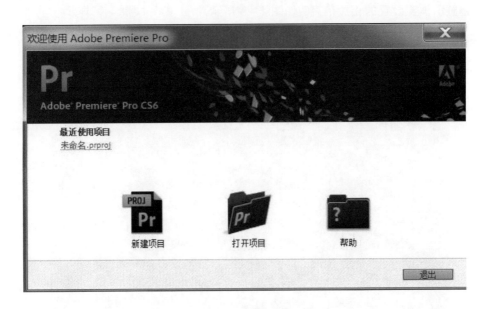

图 4-1 欢迎界面

### 3.项目设置

在新建一个项目之前,必须进行项目的相关设置。在欢迎屏幕中点击"新建项目"按钮,会调出"新建项目"对话框,需要为其中一些属性进行设置。还要在其下方的位置和名称中设置在磁盘中存放的位置和文件名,如图 4-2 所示。

图 4-2 "新建项目"对话框

设置完毕,点击"确定",调出"新建序列"对话框。缺省状态下,该对话框将显示"序列预置"标签选项。在其"有效预设"栏中,可以选择一种合适的预置项目设置。右侧的"预置描述"栏会显示预置设置的相关信息,如图4-3所示。

**图4-3　"新建序列"对话框**

如果对于预置设置不太满意,可以点击后面的"常规"和"轨道"标签,在其中设置项目的具体参数。

**注意:**项目一旦创建,有些设置将无法更改。

### 4.1.4　课后思考与练习

(1)分别用 DV-NTSC 和 DV-PAL 设置新建两个项目,比较其区别。

(2)分别用 DV-PAL 标准48 kHz 和 DV-PAL 宽银幕48 kHz 设置新建两个项目,比较其区别。

## 4.2　视频编辑的基本操作

### 4.2.1　实验目的

(1)了解 Premiere 软件的菜单以及主要功能。

(2)学会使用该软件的几种主要操作的快捷键,如撤销和保存等。

（3）掌握文件导入的方法和步骤。
（4）了解素材库组织的几种形式。

## 4.2.2　实验环境

（1）多媒体计算机。
（2）Windows 操作系统。
（3）Premiere Pro CS6 软件。

## 4.2.3　实验内容和步骤

### 1. 菜单
（1）"文件"菜单
"文件"菜单包括的子菜单如图 4-4 所示。主要用于创建、打开、保存、导入、导出等项目操作，以及采集视频、音频，观看影片属性等。
（2）"编辑"菜单
"编辑"菜单主要用于复制、粘贴、剪切、撤销、清除等参数设置，如图 4-5 所示。

图 4-4　"文件"菜单 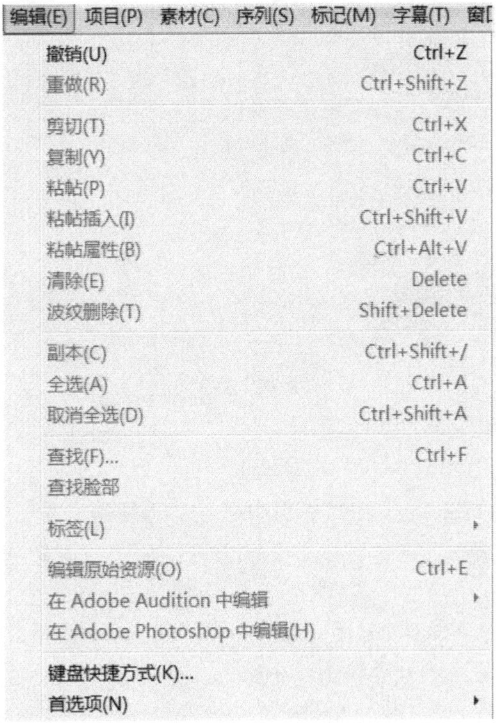　　　　　　图 4-5　"编辑"菜单

（3）"项目"菜单
"项目"菜单的命令主要用于管理项目以及项目中的素材，如项目设置、链接媒体、自动匹配时间线、导入批处理列表、导出批处理列表、项目管理等等。

（4）"素材"菜单

"素材"菜单中包括了大部分的剪辑影片命令，如图 4 - 6 所示。

（5）"序列"菜单

"序列"菜单中主要用于在"时间线"窗口中对项目片段进行编辑、管理，设置轨道属性等操作，如图 4 - 7 所示。

图 4 - 6　"素材"菜单　　　　　　　　图 4 - 7　"序列"菜单

（6）"标记"菜单

"标记"菜单主要用于对"时间线"面板中的素材标记和监视器中的素材标记进行编辑处理。

（7）"字幕"菜单

"字幕"菜单主要用于对打开的字幕进行编辑。可以双击素材库中的某个字幕文件打开字幕窗口进行编辑，如图 4 - 8 所示。

（8）"窗口"菜单

"窗口"菜单主要用于管理工作区域的各个窗口，包括工作区、效果、历史、信息、工具、采集、监视器、字幕、项目、时间线等，如图 4 - 9 所示。

（9）"帮助"菜单

"帮助"菜单主要用于帮助用户解决遇到的问题，与其他软件的"帮助"菜单功能相同。

图 4-8　"字幕"菜单

图 4-9　"窗口"菜单

### 2. Premiere Pro CS6 基本操作

（1）项目文件操作

选择菜单"文件"|"新建"|"项目"菜单命令或者按 Ctrl + Alt + N 组合键可以在弹出的"新建项目"对话框中新建项目文件；

选择菜单"文件"|"打开"菜单命令或者按 Ctrl + O 组合键可以在弹出的对话框中选择需要打开的文件；

选择菜单"文件"|"存储"菜单命令或者按 Ctrl + S 组合键即可直接保存，另外系统还会相隔一段时间自动保存；

选择菜单"文件"|"关闭项目"菜单命令即可关闭当前项目文件。

（2）撤销与恢复操作

通常情况下，一个完整的项目需要经过反复的调整、修改和比较才能完成，因此，软件为用户提供了"撤销"和"重做"命令。

在编辑视频过程中，如果用户的上一步操作是错误的，或对操作得到的效果不满意，选择菜单"编辑"|"撤销"命令或者按 Ctrl + Z 组合键即可撤销该操作，如果连续选择该命令，即可连续撤销之前的多步操作。

如果取消撤销操作，可选择菜单"编辑"|"重做"的命令，或者按 Ctrl + Shift + Z 组合键。

（3）自动保存设置

选择菜单"编辑"|"首选项"|"自动存储"命令，弹出"首选项"对话框，如图 4 - 10 所示，即可在对话框中进行相应的自动保存设置。

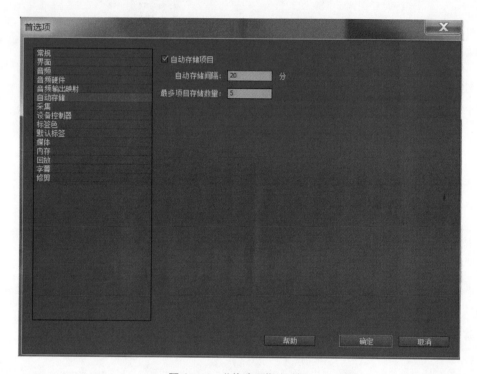

**图 4 - 10　"首选项"对话框**

（4）自定义设置

Premiere Pro CS6 预置设置为影片剪辑人员提供了常用的 DV - NTSC 和 DV - PAL 设置。如果已经运行了项目，再企图改变项目设置，则需要选择菜单"项目"|"项目设置"命令。

在常规对话框中，可以对影片的活动与字幕安全区域、视频、音频、采集等基本指标进行设置。

（5）导入素材

以素材的方式导入图层的设置方法如下：选择"文件"|"导入"命令，在"导入"对话框中选择 Photoshop、Illustrator 等含有图层的文件格式。选择需要导入的文件，单击"打开"按钮，将出现"导入分层文件"对话框，有"合并所有图层""合并图层""单层""序列"四种方式供选择。普通文件可直接通过"文件"|"导入"命令导入。

序列文件是一种非常重要的源素材，它由若干幅按序排列的图片组成，导入序列文件的方法如下：在"项目"窗口的空白区域双击或者点击菜单"文件"|"导入"命令，弹出"导入"对话框，勾选"图像序列"复选框，再选择对应文件并且打开，如图 4 - 11 所示。

（6）改变素材名称

在"项目"窗口中的素材上单击鼠标右键，在弹出的快捷菜单中选择"重命名"命令，素材会处于可编辑的状态，输入新名称即可。

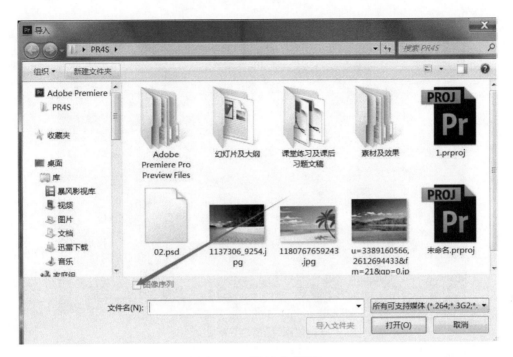

**图 4 – 11　"导入"对话框**

**注意：**剪辑人员可以给素材重命名以改变它原来的名称，这在一部影片中重复使用一个素材或复制了一个素材并为之设定新的入点和出点时极为有用。给素材重命名有助于在"项目"窗口和序列中观看一个复制的素材时避免混淆。

（7）利用素材库组织素材

可以在"项目"窗口中建立一个素材库（即素材文件夹）来管理素材。使用素材文件夹，可以将节目中的素材分门别类、有条不紊地组织起来，这在组织包含大量素材的复杂节目时特别有用。

单击"项目"窗口下方的"新建文件夹"按钮，会自动创建文件夹，如图 4 – 12 所示。

（8）查找素材

可以根据素材的名字、属性或者附属的说明和标签在 CS6 的"项目"窗口中搜索素材。单击"项目"窗口下方的"查找"按钮，或者单击鼠标右键，在弹出的快捷菜单中选择"查找"命令，弹出查找对话框。

在对话框中选择查找的属性，右边的文本框中输入查找素材的属性关键字即可进行相应的查找。单击"完成"按钮，可退出"查找"对话框。

（9）建立离线素材

当打开一个项目文件时，系统提示找不到素材，这可能是源文件被改名或者在磁盘上的位置发生了变化造成的。可以直接在磁盘上找到源素材，然后单击"选择"按钮，也可以单击"跳过"按钮选择跳过素材，或单击"脱机"按钮，建立离线文件代替源素材。

**图 4 – 12　"项目"窗口下新建文件夹**

### 4.2.4　课后思考与练习

（1）在 Premiere Pro CS6 中找到打开历史操作的窗口。

（2）在 Premiere Pro CS6 中找到恢复软件默认界面的方法。

（3）试着导入一个多图层的 PSD 图形文件，看看合并图层和单层处理有何不同。

# 4.3　视频的采集与导入素材

### 4.3.1　实验目的

（1）学会手动采集数字摄像机的视频。

（2）熟悉用 Premiere 导入图片、视频和音频。

（3）掌握用内置的媒体浏览器直接导入媒体文件的方法。

### 4.3.2　实验环境

（1）多媒体计算机。

（2）Windows 操作系统。

（3）装好视频采集卡（图 4 – 13）的计算机和数字摄像机（可选）。

（4）已经准备好的素材（视频、音频、图片）。

### 4.3.3　实验内容和步骤

项目建立后，需要将拍摄的影片素材进行编辑。对于模拟视频，需要进行数字化采集，将模拟视频转化成可以在计算机中编辑的数字视频；而对于数字摄像机拍摄的视频，可以通过配有 IEEE 1394 接口的视频采集卡直接采集到计算机中。Premiere Pro CS6 不但可以通过采集和录制的方法获取素材，还可以将硬盘上的素材文件导入其中进行编辑。

### 1. 手动采集的基本方法（选）

手动采集是指在任何情况下都可以使用的简单方法，对于不支持 Premiere Pro CS6 设备控制的 DV（数字摄像机）机型，只能采用手动采集的方法，DV 一般配有 1394 接口，并且带有一条 1394 线和计算机相连。

（1）将装有录像带的数字摄像机的 1394 线和计算机的 1394 接口相连。打开摄像机，并且调到放映状态。

（2）使用菜单命令"文件"|"采集"或者按快捷键 F5，调出采集面板，如图 4 – 14 所示。在记录标签下的设置栏中选择采集素材的种类为"视频和音频"，并且在设置栏下的"记录素材到"栏中，对采集素材的保存位置进行设置。

**注意：** 如果调板上方显示"采集设备脱机"，请重新检查设备连接是否正确。

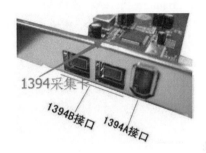

图 4 – 13　视频采集卡

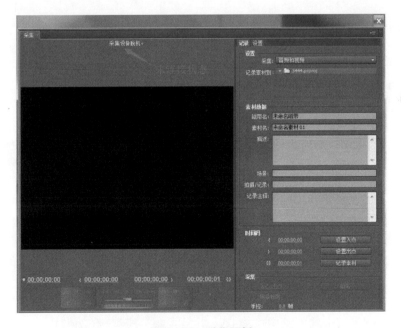

图 4 – 14　采集面板

（3）点击摄像机上的播放按钮，播放并且预览录像带。当播放到欲采集的片段的入点位置之前的几秒钟时候，按下控制面板的录音按钮，开始采集，播放到出点后几秒钟的时候，按 Esc 停止采集。如图 4 – 15 所示。

**注意：** 前后多几秒的目的是方便剪辑与转场。

**图 4 - 15　控制面板**

（4）在弹出的保存采集文件对话框中输入文件名等相关数据，点击"OK"，素材文件被采集到硬盘，并且出现在项目调板中。

**2. Premiere Pro CS6 菜单导入素材**

Premiere Pro CS6 支持导入多种格式的音频、视频和静态图片文件。可以将同一文件夹下静态图片文件按照文件名的数字顺序以图片序列的方式导入，每张图片成为图片序列的一帧。此外，还支持导入一些视频项目文件格式。

通过 Premiere Pro CS6 菜单命令"文件"|"导入"，将打开导入文件对话框，通过点击下方文件类型的所有支持的媒体，用户将看到 Premiere Pro CS6 所有支持的文件类型。如图 4 - 16 所示。

**图 4 - 16　Premiere Pro CS6 所支持的文件类型**

**3. 使用媒体浏览器进行导入**

使用内置的媒体浏览器，可以直接将磁盘或者存储卡中的媒体文件进行预览和导入。

## 4.3.4 课后思考与练习

（1）在装有视频采集卡的电脑中连接 DV，并且录制一段视频（选做）。

（2）怎么使用 Premiere 一次导入多个素材？

（3）找到软件内置的媒体浏览器，浏览并且导入可用的素材。

# 4.4　视频编辑应用实例一

## 4.4.1　实验目的

(1)了解时间线窗口组织和排列素材的流程。

(2)学会添加自动转场效果。

(3)掌握对转场效果进行设置的方法。

(4)熟悉时间线窗口的界面。

## 4.4.2　实验环境

(1)多媒体计算机。

(2)Windows 操作系统。

(3)Premiere Pro CS6 软件。

## 4.4.3　实验内容和步骤

(1)启动 Premiere Pro CS6 软件,弹出欢迎界面,单击"新建项目"按钮,弹出新建项目对话框,设置"位置"选项保存文件路径。在"名称"文本框中输入文件名"自然风光"。单击"确定"按钮,弹出"新建序列"对话框,在左侧的列表中选择"DV – PAL"选项,选中"标准 48 kHz"模式,序列名字为"自然风光",单击"确定"完成项目新建。

(2)点击菜单"文件"|"导入"命令,选择光盘中"自然风光\素材\01,02,03,04"文件,单击"打开"按钮,导入图片文件。导入后的文件排列在"项目"面板中,如图 4 – 17 所示。再双击红色箭头位置的自然风光项目打开监视器窗口,同时主界面下方的时间线窗口将自动打开。

(3)按住 Ctrl 键,在"项目"面板中分别单击 01,02,03,04 文件并且将其拖到"时间线"窗口的"视频 1"轨道中。将时间指示器放置在 0s 的位置,按 Shift + 向下方向键,时间指示器转到"02"文件的开始位置,如图 4 – 18 所示。可以点击时间线窗口左下方的滚动条放大节点距离。

(4)按 Ctrl + D 组合键,在"01"文件的结尾处与"02"文件的开始位置添加一个默认的转场效果,如图 4 – 19 所示。在"节目"窗口中预览效果。

(5)再次按 Shift + 向下方向键,时间指示器转到"03"文件的开始位置。再按 Ctrl + D 组合键在"02"文件的结尾处与"03"文件的开始位置添加一个默认的转场效果,如图 4 – 20 所示。在"节目"窗口中预览效果。

(6)用相同的方法在"03"文件结尾和"04"文件开始位置添加一个默认的转场效果,如图 4 –21 所示,自然风光制作完成。

(7)为影片添加切换后,还可以改变切换的长度。最简单的方法是在时间线序列中选中"交叉叠化(标准)",拖动边框到切换的边缘即可修改大小。也可以双击"交叉叠化(标准)"打开"特效控制台"对话框,在该对话框中对切换做进一步调整,如图 4 – 22 所示。

图 4 - 17　文件排列在"项目"面板中

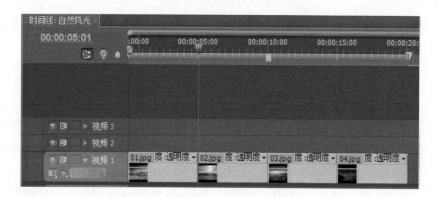

图 4 - 18　设置默认的转场效果(一)

### 4.4.4　课后思考与练习

(1)怎样拉长转场效果的切换时间,变换切换位置?

(2)改变默认转场的对齐选项,看看有什么效果。

(3)怎样添加中心剥落的转场效果?

## 4.5　视频编辑应用实例二

### 4.5.1　实验目的

(1)初步了解和熟悉使用 Premiere 进行文字处理。

(2)掌握对素材进行特效处理的流程。

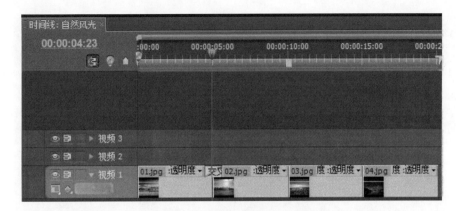

图 4 – 19 设置默认的转场效果（二）

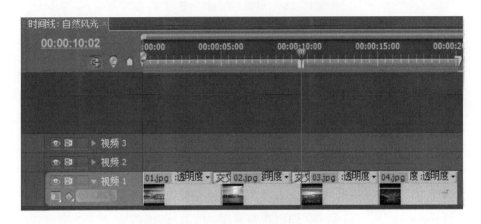

图 4 – 20 设置默认的转场效果（三）

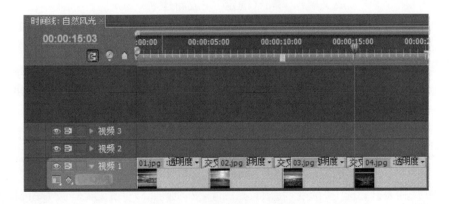

图 4 – 21 设置默认的转场效果（四）

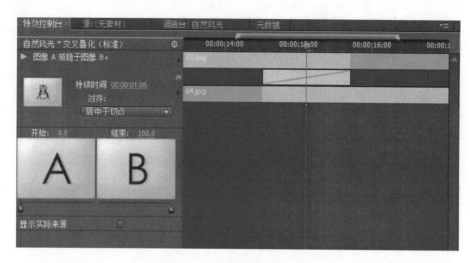

**图 4 – 22　"特效控制台"对话框**

（3）了解几种常用的特效处理方法。

（4）学会使用素材窗口和监视器窗口检测视频效果。

## 4.5.2　实验环境

（1）多媒体计算机。

（2）Windows 操作系统。

（3）Premiere Pro CS6。

## 4.5.3　实验内容和步骤

（1）启动 Premiere Pro CS6 软件，弹出欢迎界面，单击"新建项目"按钮，弹出新建项目对话框，设置"位置"选项保存文件路径。在"名称"文本框中输入文件名"金属文字"。单击"确定"按钮，弹出"新建序列"对话框，在左侧的列表中选择"DV – PAL"选项，选中"标准 48 kHz"模式，序列名字为"金属文字"，单击"确定"完成新建。

（2）选择"文件"|"新建"|"字幕"命令。弹出"新建字幕"对话框，在"名称"文本框中输入"黄金影院"，单击"确定"按钮，弹出字幕编辑面板，选择"文字工具(T)"，在字幕工作区输入"黄金影院"，下面字幕样式选择"方正大标宋"（红色），界面上方字体大小设置为110%，界面左方对齐属性分别设置垂直居中，左右居中，其他属性按默认设置即可。如图 4 –23 所示。关闭字幕编辑面板，新建的字幕文件自动保存在"项目"窗口中。

（3）双击项目窗口的"金属文字"项目打开监视器窗口和时间线窗口。在"项目"面板中选中"黄金影院"文件并将其拖到"时间线"窗口的"视频 1"轨道中，如图 4 –24 所示。选择菜单"窗口"|"效果"命令，弹出"效果"面板，展开"视频特效"分类选项，单击"生成"文件夹前的三角形按钮将其展开；选中"渐变"特效，如图 4 –25 所示。将"渐变"特效拖动到"视频 1"上的"黄金影院"层上。

**注意：**如果觉得时间线节点太紧密，可以点击时间线窗口左下方的滚动条放大节点距离。

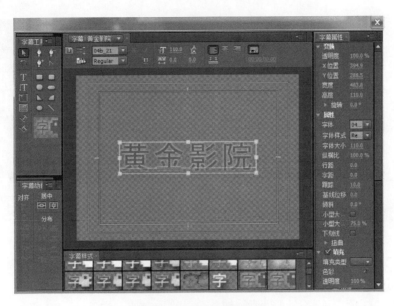

图 4 – 23　字幕编辑面板

　　(4)选择"特效控制台"面板，展开"渐变"特效进行设置，如图 4 – 26 所示，其中起点分别是 320 和 170，终点分别是 427 和 350。最后在"节目"窗口中预览效果，如图 4 – 27 所示。

图 4 – 24　拖动"黄金影院"到"视频 1"中　　　　　　图 4 – 25　"效果"面板

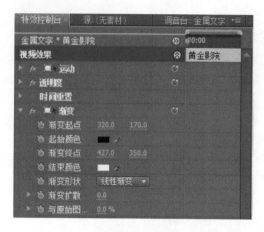

图 4-26　展开"渐变"特效进行设置

图 4-27　预览效果

（5）将时间线上的时间指示器放置在 3.01s 的位置，在"渐变"特效选项中单击"渐变起点"和"渐变终点"选项前面的记录动画按钮，记录当前节点，如图 4-28 所示。再将时间指示器放置在 4.24s 的位置，将"渐变起点"设置为 450 和 134，"渐变终点"设置为 260 和 346，如图 4-29 所示。然后在节目窗口中预览效果。

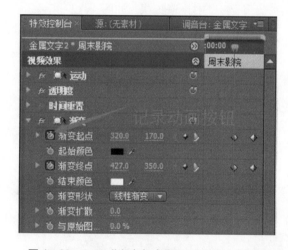

图 4-28　3.01s"渐变起点"和"渐变终点"设置

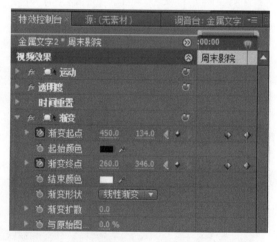

图 4-29　4.24s"渐变起点"和"渐变终点"设置

（6）选择"效果"面板，展开"视频特效"分类选项，单击"透视"文件夹前面的展开按钮，选中"斜边 Alpha"特效，将该特效拖到"时间线"窗口的"黄金影院"层上，或者直接双击该特效添加。

（7）选择"特效控制台"面板，双击"斜面 Alpha"特效并进行参数设置，如图 4-30 所示，其中边缘厚度为 3.5，照明角度为 -60°，照明强度 0.7。在"节目"窗口中预览效果。

（8）选择"效果"面板，展开"视频特效"分类选项，单击"色彩校正"文件夹前面的展开按钮，选中"RGB 曲线"特效，并且将该特效拖到"时间线"窗口的"黄金影院"层上。

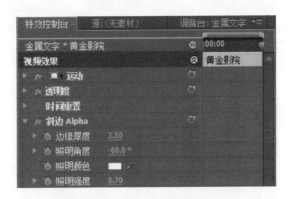

**图 4 – 30　"斜边 Alpha"特效设置**

（9）选择"特效控制台"面板，展开"RGB 曲线"特效并进行参数设置，如图 4 – 31 所示。在"节目"窗口中预览效果。

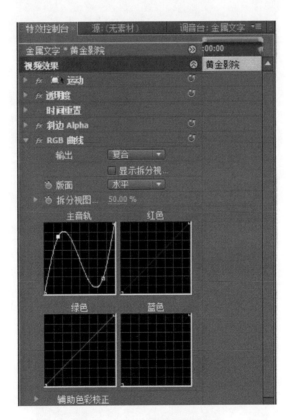

**图 4 – 31　"RGB 曲线"特效**

**注意：**以下步骤选做，需要 Shine 特效插件。

（10）选择"效果"面板，展开"视频特效"分类选项，单击"生成"文件夹前面的展开按钮，选中"发光"特效，并且将该特效拖到"时间线"窗口的"黄金影院"层上。

（11）将时间指示器放在 0s 的位置，选择"特效控制台"面板，展开"发光"特效并进行参数设置，如图 4 - 32 所示，其中源点分别为 210 和 288，光线长度 9，提升光 8，叠加模式为叠加。在"节目"窗口中预览效果。

图 4 - 32　0s"发光"特效设置

（12）在"发光"选项中单击"源点"选项前面的"切换动画按钮"。然后将时间指示器放置在 3.01s 的位置，单击"源点"选项中的"添加/移除关键帧"按钮，如图 4 - 33 所示。

（13）在 3.01s 的位置，将"源点"选项设置为 500 和 288，金属文字制作完成。如图 4 - 34 所示。

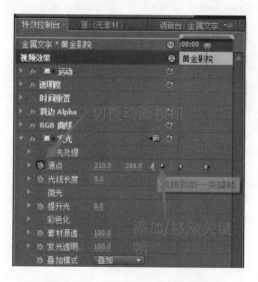

图 4 - 33　3.01"发光"特效设置

图 4 – 34　"黄金影院"最终效果

### 4.5.4　课后思考与练习

（1）文字处理中怎样修改文字的透明度？

（2）试着给素材赋予"滤镜"特效并看看效果。

（3）在实例中添加"风格化"特效中的浮雕效果并且做适当设置。

# 第5章　计算机动画制作技术

## 5.1　立体三维文字制作

### 5.1.1　实验目的

（1）认识并了解动画制作软件——Ulead COOL 3D。
（2）了解 Ulead COOL 3D 的基本操作。
（3）使用 Ulead COOL 3D 制作三维文字。

### 5.1.2　实验环境

（1）微型计算机。
（2）Windows 操作系统。
（3）DirectX 8.0 驱动程序或更高版本。
（4）Ulead COOL 3D 软件。

### 5.1.3　实验内容和步骤

Ulead COOL 3D 是三维文字动画制作的理想软件。它的动画制作过程简单，不需要自己建模，内置有多种动画模式，可以用内置的模板方便地生成具有各种特殊效果的文字 3D 动画。Ulead COOL 3D 制作出的动画大多在网上使用，也可以输出成 Flash 动画。接下来，我们就以 Ulead COOL 3D 3.5 中文版为例来学习三维文字的制作方法，从而加深对 Ulead COOL 3D 的了解。

点击"开始"|"程序"|"Ulead COOL 3D 3.5"启动软件，首先弹出一个小窗口，如图 5 - 1 所示。根据提示，你可以用鼠标点击工具栏上的"插入"按钮，可以插入新的文字，点一下"不要再显示此信息"让这个窗口以后不再出现，然后点"确定"。

现在出现的窗口就是 Ulead COOL 3D 的主界面，如图 5 - 2 所示，Ulead COOL 3D 所有的功能都要在这个窗口中完成。窗口的上面是 Ulead COOL 3D 的菜单和工具栏，在工具栏下面有一个窗口，这是 Ulead COOL 3D 的工作区，我们就是在这里进行创作的。在工作区的下面是 Ulead COOL 3D 的效果区，Ulead COOL 3D 在这里为我们提供了大量的效果库，我们可以直接把这些效果运用到自己的作品中去，非常方便，这是 Ulead COOL 3D 的一个最大的特点，并不要求用户掌握专业技能，只要把 Ulead COOL 3D 提供的各种效果组合、修改和调整，就可以制作出漂亮的动画。

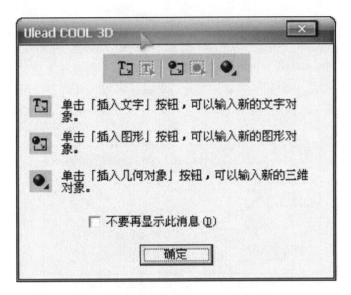

图 5 – 1 Ulead COOL 3D 消息窗口

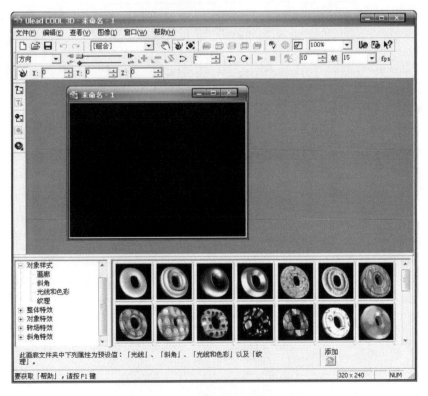

图 5 – 2 Ulead COOL 3D 主界面

### 1. 输入文字

Ulead COOL 3D 的主要用途是制作文字的 3D 效果，因此，我们制作文字动画的第一步就是输入文字。用鼠标点一下菜单栏中"编辑"菜单下的"输入文字"或者按功能键 F3，就弹出了文字输入框，如图 5-3 所示，选择好合适的字体和字号，然后在上面的输入栏中输入文字"工大"。在这个对话框的下面是一些常用的符号，如果需要，可以直接用鼠标单击相应的符号即可输入，输入完后点"确定"按钮。

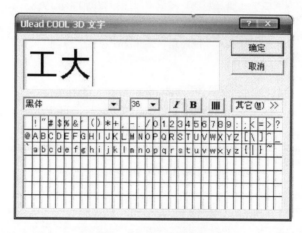

图 5-3　文字输入框

现在，工作区中就出现了刚才输入的文字。这是由 Ulead COOL 3D 系统生成的三维文字模型，其摄像机视角、光照视角和光线强度都是系统默认值。这时鼠标箭头变成三个环形，在主场景区移动鼠标可对三维对象沿 X、Y 或 Z 轴自由旋转。

### 2. 添加特效

利用"百宝箱"功能为该三维对象添加各类特效。

(1)首先在界面左下角的百宝箱类目区里选择"工作室"分支，如图 5-4 所示。其分支各分类含义如下：

图 5-4　"工作室"窗口

- 组合：将该类目下的三维场景拖动到主编辑区，形成与三维文字互相穿插的效果。
- 背景：该类目提供三维特效的背景图。
- 组合对象：该类目提供事先定义好的成品三维模型对象组供作品调用。
- 形状：该类目提供给三维对象添加各种类型的影像。
- 对象：该类目提供一些三维对象库供用户插入或加工。
- 动画：该类目提供三维对象的移动方式(如弹簧状移动、伸缩状移动、绕水平面旋转、绕 Y 轴旋转等)。
- 相机：该类目提供不同的摄像机视图供选择。

在此我们选择"背景"选项，在百宝箱中选择第一行第八列"蓝天白云"样式，给"工大"文字添加一个"蓝天白云"的背景；选择"动画"选项，在百宝箱中选择第一行第一列的跳跃状动画，为文字添加动画。添加方法为：在百宝箱所需特效图案上双击鼠标左键，或将这个特效图案拖动到工作区。这两个特效均为系统内置。

(2) 单击"对象样式"分支，如图 5－5 所示，"对象样式"分支的各分类含义如下：

- 画廊：提供各种三维纹理图库供三维对象套用。
- 斜角：提供不同角度的斜面供选择。
- 光线和色彩：提供不同的灯光和色彩供添加。
- 纹理：提供纹理供套用。

在此我们选择"光线和色彩"中第一行第三列这一效果。

(3) 单击"对象特效"分支，这是 Ulead COOL 3D 百宝箱中最重要的类目，如图 5－6 所示。"对象特效"分支的各分类含义如下：

图 5－5　"对象样式"窗口

图 5－6　"对象特效"窗口

- Path Animation(路径动画)：提供几种动画模型供三维对象套用，如钟摆动画模型。
- Dance(舞蹈特效)：提供类似舞蹈的效果，有不同角度的跳跃模式供选择。
- Explosion(爆炸)：提供几种不同类型的爆炸效果。
- Surface Animation(表面动画模式)：提供一些类似对表皮进行操作的动画方式，如揭起动作、剥皮动作。
- Twist(波纹变形)：类似 Photoshop 等软件的波纹滤镜，可将三维对象制作成类似水波纹的变形效果。

- Motion Path(移动路径)：沿提供的几种规则路径移动，如沿正弦曲线运动。
- Token Move(G)(特殊移动)：提供几个特殊的运动模式供三维动画选择。
- Token Rotate(G)(特殊旋转)：提供几个特殊的旋转模式供三维动画选择，如三维文字逐个沿 Y 轴方向旋转。
- Token Size(G)(特殊尺寸)：提供一些特殊尺寸特效供三维模型调用，如三维文字逐个变大、变小等。
- Token Skew(G)(特殊倾斜)：提供一些特殊的三维倾斜效果，如三维对象由平面向立面立起的倾斜效果。
- Distort(变形方式)：提供各种不同的对象变形模式供套用。
- Text Wave(文字波浪运动)：使三维文字沿波浪状轨迹运动的动画模式。
- Bend(扭曲方式)：提供各种扭曲特效供选择。

在此我们选择一项"Path Animation"中的钟摆效果。

(4)单击"转场特效"分支，如图 5 - 7 所示，"转场特效"分支的各分类含义如下：

- Jump(跳跃效果)：各种方式的跳跃效果。
- Blast(鼓风效果)：类似鼓风机吹起的膨胀效果。
- Bump(隆起效果)：瞬间隆起的动画效果。

我们可任意选择一种。

(5)单击"整体特效"分支，如图 5 - 8 所示，"整体特效"分支共分五项，依次为：Shadow(阴影特效)、Fire(火焰特效)、Motion Blur(动感模糊特效)、Lightning(闪电特效)和 Glow(辉光特效)。

图 5 - 7　"转场特效"窗口

图 5 - 8　"整体特效"窗口

我们选择"Shadow"中的第三项(从左下向右下移动阴影)和"Lightning"特效中的第三项(水平闪电)。

(6)单击"斜角特效"分支，如图 5 - 9 所示，"斜角特效"分支共分五项，依次为：Imprint(印痕特效)、Frame(框状特效)、Custom Bevel(自定义斜面)、Hollow(中空特效)和 Board(面板特效)。在此我们选择"Frame"特效中的圆角矩形框。

图 5 - 10 为制作出的成品动画，点击工具栏上的播放图标预览效果。

图 5-9　"斜角特效"窗口

图 5-10　成品动画

（7）进行输出设置：Ulead COOL 3D 3.5 支持多种模式的输出。如要输出静态图片，请先点击预览按钮，移动到想要输出的图像（帧），点击停止按钮，然后点击"文件"菜单下的"创建图像文件"项，选择 BMP、GIF、JPEG 或 TGA 格式中的一种，存盘即可。

要输出 Web 页所用的动态图片，点击"文件"菜单下的"创建动画文件"，选择 GIF 动画文件或视频文件，存盘即可。Ulead COOL 3D 3.5 还支持将文件输出成 Macromedia Flash 格式文件（即 SWF 格式），方法是点击"文件"菜单上的"导出到 Macromedia Flash（SWF）"，然后选择图片存于 Flash 场景中的格式（BMP 或 JPEG），存盘即可。

### 5.1.4　课后思考与练习

（1）如何使用 Ulead COOL 3D 制作动画？
（2）Ulead COOL 3D 在制作动画方面的特长是什么？
（3）如何使用 Ulead COOL 3D 中的百宝箱？

## 5.2　GIF 动画制作

### 5.2.1　实验目的

（1）掌握使用 Ulead GIF Animator 制作动画的基本方法。
（2）掌握 GIF 动画制作软件的功能。

### 5.2.2　实验环境

（1）微型计算机系统。
（2）Windows 操作系统。
（3）Ulead GIF Animator5.05。

### 5.2.3　实验内容和步骤

Ulead GIF Animator 是一款台湾友立公司出版的 GIF 动画制作软件。Ulead GIF Animator

不但可以把一系列图片保存为 GIF 动画格式，还能产生二十多种 2D 或 3D 的动态效果，足以满足您制作网页动画的要求。在介绍这个软件之前，我们先说说 GIF 文件。

GIF 的全称是 Graphics Interchange Format（可交换的文件格式），是 CompuServe 公司提出的一种图形文件格式。GIF 文件格式主要应用于互联网，GIF 格式提供了一种压缩比较高的高质量位图，但 GIF 文件的一帧中只能有 256 种颜色。GIF 格式的图片文件的扩展名就是".gif"。

与其他图形文件格式不同的是，一个 GIF 文件中可以储存多幅图片，这时 GIF 将其中存储的图片像播放幻灯片一样轮流显示，这样就形成了一段动画。

GIF 文件还有一个特性：它的背景可以是透明的，也就是说，GIF 格式的图片的轮廓不再是矩形的，它可以是任意的形状，就好像用剪刀裁剪过一样。GIF 格式还支持图像交织，当您在网页上浏览 GIF 文件时，图片先是很模糊地出现，然后才逐渐变得很清晰，这就是图像交织效果。

很多软件都可以制作 GIF 格式的文件，如 Macromedia Flash，Microsoft PowerPoint 等，相比之下，Ulead GIF Animator 的使用更方便，功能也很强大。Ulead GIF Animator 不但可以制作静态的 GIF 文件，还可以制作 GIF 动画，这个软件内部还提供了二十多种动态效果，使您制作的 GIF 动画栩栩如生。现在我们就开始介绍 Ulead GIF Animator 的使用方法。

**1. 运行程序**

（1）在桌面双击 Ulead GIF Animator 图标，可以启动程序。

（2）启动完成后，显示一个默认的空白文档，如果出现向导提示，点"关闭"。

（3）按一下 Delete 键删除白色背景。

**2. 制作动画**

第一步：选择"文件"菜单下的"添加图像"命令，在弹出的添加图像窗口中选择要添加的图片文件（如图 5 - 11 中的图片 1），点击"打开"。

第二步：选择"编辑"菜单下的"修整画布"，把多余的部分裁切掉。

第三步：点击软件主界面下方帧面板中的"添加帧"按钮，添加一个空白帧，如图 5 - 12 所示。

第四步：选择"文件"菜单下的"添加图像"命令，添加图片 2，如图 5 - 13 所示。

第五步：重复第一到第四步的方法，添加图片 3、图片 4、图片 5、图片 6、图片 7，一共七幅图片。

这样七幅图片就形成了一个连续的动作，点"在 Internet Explorer 中预览"按钮看一下效果，如图 5 - 14 所示。

**3. 保存动画**

选择"文件"菜单下的"保存"命令，以"动感汽车"为文件名，保存文件到自己的文件夹。也可选择"文件"菜单下的"另存为"|"GIF 文件"命令，也以"动感汽车"为文件名，保存文件到自己的文件夹中，保存的是 GIF 图片文件。

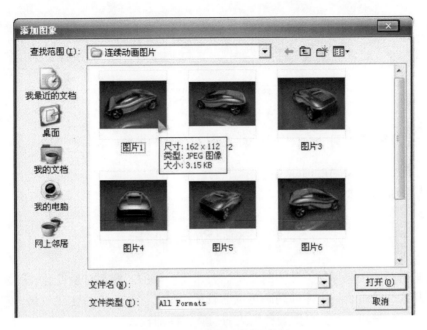

**图 5 – 11 "添加图像"对话框**

**图 5 – 12 "添加帧"选项**

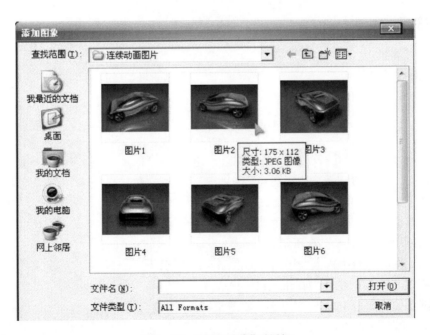

**图 5 – 13 "添加图像"对话框**

图 5 – 14 "在 Internet Explorer 中预览"选项

### 5.2.4 课后思考与练习

（1）如何在 Ulead GIF Animator 中制作动画？
（2）如何保存 GIF 动画？

# 5.3 逐帧动画制作

逐帧动画就是每一帧都是关键帧的动画。要求每一帧的内容都有所变化，逐帧动画比较适合制作较复杂的动画。利用逐帧动画可以比较精细地制作出微妙的变化效果，但每个帧的内容都要逐一进行编辑，所以工作量和生成的动画文件都较大。

### 5.3.1 实验目的

（1）掌握帧动画的概念。
（2）掌握逐帧动画的制作。
（3）掌握关键帧、空白关键帧、扩展帧的使用方法。

### 5.3.2 实验环境

（1）微型计算机。
（2）Windows 操作系统。
（3）Adobe Flash Professional CS6。

### 5.3.3 实验内容和步骤

（1）启动 Flash CS6 软件，选择"新建"｜"Flash ActionScript3.0"，点击确定按钮，新建空白文档。
（2）选择工具箱中的文字工具，如图 5 – 15 所示。
（3）点击属性工具，在弹出属性面板上设置好字体、字型、字号以及文字颜色。如图 5 – 16 所示。
（4）在第 1 帧的舞台中输入"为"字，如图 5 – 17 所示。
（5）在第 2 帧插入关键帧，如图 5 – 18 所示。
（6）在第 2 帧的舞台中输入"中"字，如图 5 – 19 所示。

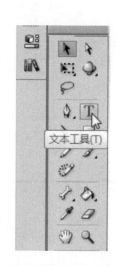

图 5 – 15 文字工具

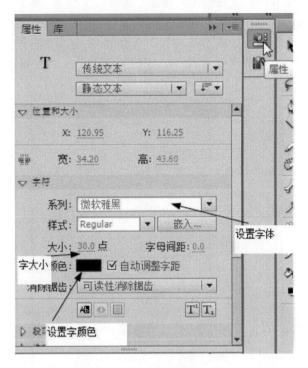

图 5 – 16　文字工具属性设置

图 5 – 17　"为"字

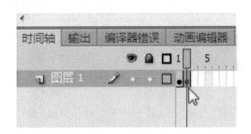

图 5 – 18　在第 2 帧上插入关键帧

图 5 – 19　输入中字

（7）用同样的方法在第3帧位置插入关键帧，在舞台上输入"华"字；在第4帧位置插入关键帧，在舞台上输入"崛"字；在第5帧位置插入关键帧，在舞台上输入"起"字；在第6帧位置插入关键帧，在舞台上输入"而"字；在第7帧位置插入关键帧，在舞台上输入"读"字；在第8帧位置插入关键帧，在舞台上输入"书"字。效果如图5-20所示。

图5-20   完成8帧关键帧后效果

（8）单击菜单栏"控制"|"测试影片"（或者直接按 Ctrl + Enter）键，即可看到制作后的动画效果。

### 5.3.4   课后思考与练习

（1）如何实现"为中华崛起而读书"的文字逐字出现，停留几秒后，逐字消失的动画效果？
（2）如何实现从外部导入图片组来实现逐帧动画的效果？

## 5.4   运动动画制作

在 Flash 中创建直线运动是件很容易的事，而建立一个曲线运动或沿一条路径进行运动的动画就需要用到引导层。"引导层"顾名思义，就是在制作动画的过程中能够起到引导的作用。它是一个新的图层，主要用于制作指定路径运动的动作补间动画，在应用中必须指定是哪个图层上的运动路径。可以将多个图层链接到一个运动引导层，使多个对象沿同一条路径运动,链接到运动引导层的常规图层就成为被引导层。运动引导线是用户绘制的一条线,这条线为动画的播放提供一条路径。运动引导线在最终发布的影片中是不可见的。

## 5.4.1　实验目的

(1)理解引导层的含义。

(2)能熟练对帧进行操作,如选取、移动、剪切、复制、粘贴等。

(3)理解动作补间动画的制作原理及制作方法,并能灵活应用。

(4)掌握创建引导层的方法,将运动对象吸附在引导层两端的方法及技巧。

## 5.4.2　实验环境

(1)微型计算机。

(2)Windows 操作系统。

(3)Adobe Flash Professional CS6。

## 5.4.3　实验内容和步骤

(1)选择"文件"菜单,单击"新建"命令,选择"ActionScript3.0",建立一个新文档。

(2)单击"插入"菜单,选择"新建元件",设置元件名称为"气球",类型为图形。在第一帧舞台中间,绘制一个气球,如图 5 - 21 所示。

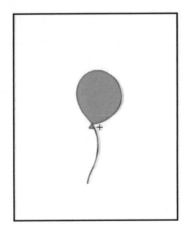

图 5 - 21　气球图形元件

点击"场景 1"字样退出气球元件的编辑,如图 5 - 22 所示。

(3)在场景 1 的图层 1 中选取第 1 帧,并从库面板中将气球元件拖放到舞台合适的位置。

(4)选择图层 1 的第 30 帧,按 F6 插入关键帧。

(5)用鼠标选择图层 1,右击,选择"添加引导层",利用铅笔在该图层上绘制路线图。如图 5 - 23 所示。

(6)在图层 1 中选择第 1 帧,将气球元件的中心位置调整到轨迹的开始处(为准确吸附到对象中心,可以将工作区显示比例放大)。如图 5 - 24 所示。

**图 5 – 22　完成元件编辑点"场景 1"退出**

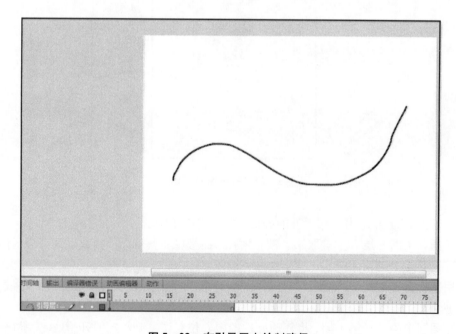

**图 5 –23　在引导层上绘制路径**

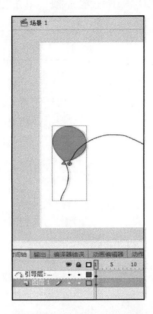

**图 5－24　调整元件到路径起点对齐中心**

(7) 选择图层 1 的第 30 帧，将气球元件中心与路径尾部对齐，如图 5－25 所示。

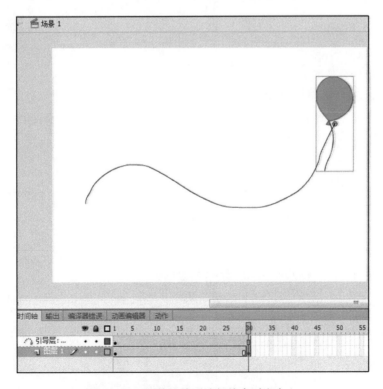

**图 5－25　调整元件到路径终点对齐中心**

（8）选择图层 1 的第 2 帧至第 30 帧中任意一帧，单击鼠标右键，在弹出菜单中选择"创建传统补间"，如图 5 - 26 所示。

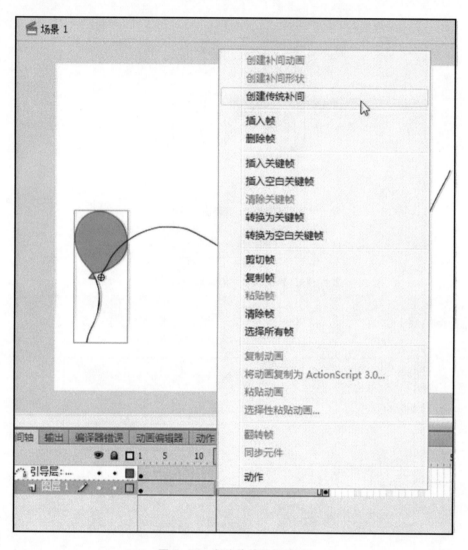

**图 5 - 26　创建传统补间动画**

创建后的效果如图 5 - 27 所示。

（9）按 Ctrl + Enter 组合键测试影片，并保存文档。

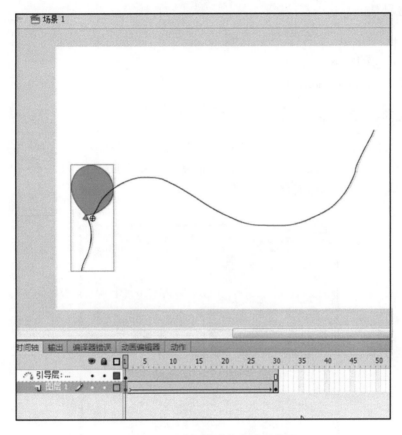

图 5 – 27　创建好传统补间动画效果

### 5.4.4　课后思考与练习

（1）请试着添加一个小车为元件，加入到库中。
（2）如何实现小车在随着引导层曲线运动时，也随着曲线旋转？
（3）试着添加背景。

## 5.5　形状补间动画的制作

形状补间动画的制作是指在一个关键帧中绘制一个形状，然后在另一个关键帧中更改形状或绘制另一个形状，Flash 根据二者之间的帧的值或形状来创建的动画。形状补间动画制作的条件是：对象必须为矢量图形，若为组、文本或符号创建形状补间动画，创建之前要按Ctrl + B 组合键将其打散。

### 5.5.1　实验目的

（1）掌握 Flash 中的形状补间动画类型的设置条件，并能熟练应用。
（2）掌握形状补间动画制作的基本方法。

### 5.5.2　实验环境

（1）微型计算机。

（2）Windows 操作系统。

（3）Adobe Flash Professional CS6。

### 5.5.3　实验内容和步骤

（1）选择"文件"菜单，单击"新建"命令，选择"ActionScript3.0"，建立一个新文档。

（2）选择工具箱中的"椭圆"工具，在属性面板中设置椭圆属性，如图 5 – 28 所示，分别设置好笔触及填充色，笔触样式设置为点刻线。

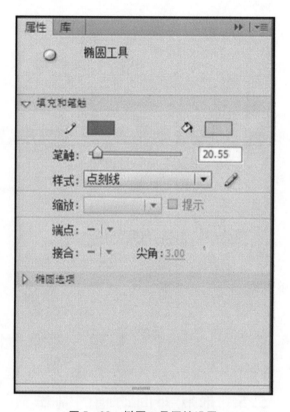

图 5 – 28　椭圆工具属性设置

（3）在第一帧舞台中合适位置绘制一个椭圆，如图 5 – 29 所示。

（4）选中绘制的椭圆，按住 Alt 键，复制并移动出 2 个椭圆，如图 5 – 30 所示。

（5）选取第 60 帧，按 F5 键插入帧。

（6）选取第 40 帧，按 F6 键插入关键帧，选择工具箱中"文本"工具，并在绘制椭圆形中输入文字"湖工大"，并将椭圆删除。如图 5 – 31 所示。

（7）选中文字，按 Ctrl + B 组合键，将文本分离。第二次再按 Ctrl + B 组合键二次分离。

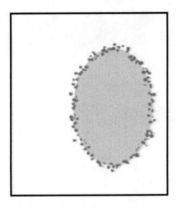

**图 5 - 29　绘制一个椭圆**

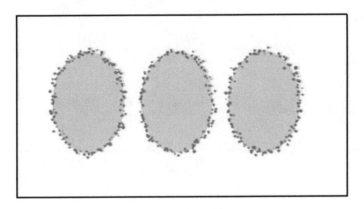

**图 5 - 30　复制椭圆**

**图 5 - 31　输入文字并删除椭圆**

　　(8)将光标放置在第 1 帧到第 40 帧间任意位置,单击鼠标右键,在弹出的菜单中选择"创建补间形状"命令,如图 5 - 32 所示。

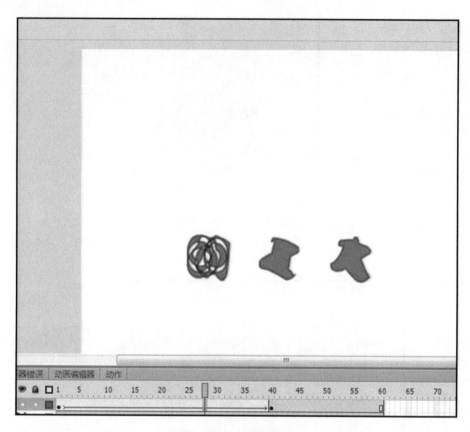

图 5 – 32　创建形状补间

（9）保存文件，按 Ctrl + Enter 组合键测试影片。

### 5.5.4　课后思考与练习

（1）如何设置文字淡入、淡出的效果？（合理设置 Alpha 值）
（2）如何插入背景、增强动画美感？

# 5.6　动画中多媒体的使用

声音是 Flash 动画的重要组成部分，常作为旁白、背景音乐，或除了声音之外，还可以在 Flash 中使用视频，从而丰富了 Flash 动画的内容。

### 5.6.1　实验目的

（1）了解导入声音到 Flash 中的过程。
（2）了解如何在 Flash 中使用声音。
（3）了解导入视频到 Flash 中的方法。

### 5.6.2　实验环境

（1）微型计算机。

（2）Windows 操作系统。

（3）Adobe Flash Professional CS6。

### 5.6.3　实验内容和步骤

#### 1. 导入声音到 Flash 中

Flash 中不能录音，要使用声音只能导入，所以必须用其他软件记录一个声音文件，或者从因特网下载，也可以购买一个声音集。Flash 可以导入 *.wav、*.aiff 和 *.mp3 声音文件。当声音导入到文档中后，它们将与位图、元件一起保存到"库"面板中，与元件一样，用户只需要一个声音文件的副本就可以在影片中以各种方式使用该声音了。

声音文件一般会占用很大的电脑磁盘空间和内存空间。因此最好用 22 kHz，16 位的单声道声音。因为 Flash 只能导入采样比率为 11 kHz、22 kHz 或 44 kHz 的 8 位和 16 位的声音。当声音导入 Flash 时，如果声音的记录不是 11 kHz 的倍数，将会重新采样。

导入声音文件的方法及步骤如下：

（1）单击"文件"菜单，选择"导入"，在级联菜单中选择"导入到库"命令。如图 5-33 所示。

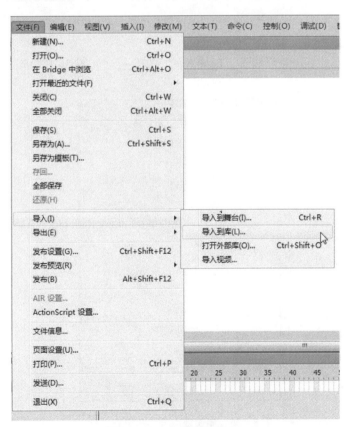

**图 5-33　导入到库命令**

（2）在弹出的"导入到库"的对话框中，选择一个声音文件。如图5-34所示。

**图5-34　选择系统启动声音导入到库**

（3）打开"库"面板，从中可以看到所导入的声音文件，如图5-35所示。

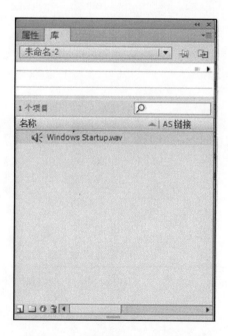

**图5-35　库面板中导入的声音文件**

当需要使用这个声音文件时，直接在库中将其拖放到舞台上即可。

### 2. 在 Flash 中使用声音

在 Flash 动画中使用声音主要有两种方式：一是在指定的关键帧开始或停止声音的播放；二是为按钮添加声音。

在指定的关键帧开始或停止声音的播放设置的步骤如下：

（1）将声音导入到库面板中。

（2）选择"插入"|"时间轴"|"图层"命令，为声音创建一个图层。

（3）单击选择声音层上预定开始播放声音的帧，将其设为关键帧。

（4）调出属性面板，在声音下拉列表中选择一个声音文件，然后打开"同步"下拉列表选择"事件"选项。

（5）在声音图层上声音结束处创建一个关键帧。

（6）在帧属性面板的声音下拉列表中选择同一个声音文件，然后打开"同步"下拉列表框，选择"停止"选项。

（7）按照上述方法将声音添加到动画内容之后，就可以在声音图层中看到声音的幅度线，如图 5-36 所示。

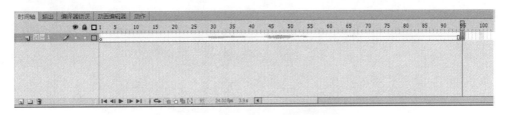

**图 5-36　添加声音后的时间轴窗口**

**注意**：声音图层中的两个关键帧的长度不要超过声音播放的总长度，否则当动画还没有播放到第 2 个关键帧，声音文件已结束了，就无法体现停止的效果。

为按钮添加声音的步骤如下：

（1）新建一个 ActionScript3.0 文件。

（2）选择"插入"|"新建元件"命令，弹出"新建元件"对话框，在该对话框中的"名称"文本框中输入元件的名称，"类型"选择"按钮"，单击"确定"按钮，关闭该对话框。跳转到元件编辑窗口中。

（3）在元件编辑窗口中加入一个声音图层，在声音图层中为每个要加入声音的按钮状态创建一个关键帧。例如，若想使按钮在被单击时发出声音，可以按钮的标签为"按下"的帧中加入一个关键帧。

（4）在创建的关键帧中加入声音，打开对应属性设置面板中的"同步"下拉列表框，从中选择对应事件。如图 5-37 所示。

（5）添加声音后，返回到主界面。

### 3. 导入视频到 Flash 中

Flash CS6 允许导入多种格式的视频文件。允许用户将视频、数据、图形、声音和交互控制融为一体。FLV、F4V 格式视频使用户可以轻松地将视频以几乎任何人都可以查看的格式

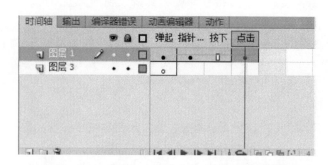

图 5 – 37　在按键元件编辑窗口中添加声音图层

放在网页上。

　　导入视频时，用户可以将其嵌入一个视频片断作为动画的一部分。在导入视频时好像导入位图或矢量图一样方便。具体步骤如下：

　　（1）选择"文件"菜单"导入"栏，选择"导入视频"，弹出"导入视频"对话框，用户根据情况可以选择在本地计算机上或服务器上定位要导入的视频文件。如图 5 – 38 所示。

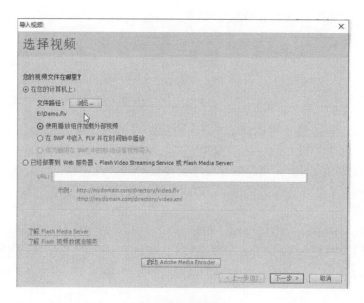

图 5 – 38　视频导入

　　（2）点击文件后的浏览按钮，选择好视频文件。

　　（3）在"文件路径"下方的单选按钮组中，设置部署视频文件的方式，如图 5 – 39 所示。选中一种需要的导入方式。

　　● 使用播放组件加载外部视频：导入视频并创建 FLVPlayback 组件的实例以控制视频的回放。

　　● 在 SWF 中嵌入 FLV 并在时间轴中播放：将 FLV 嵌入到 Flash 文档中，这样导入视频时，该视频放置于时间轴中。在时间轴中可以看到时间轴帧所表示的各个视频帧的位置。嵌

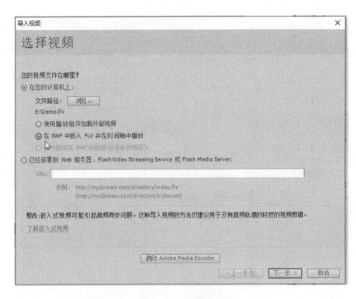

图 5 – 39　视频部署

入的 FLV 或 F4V 视频文件成为 Flash 文档的一部分。

**注意:** 将视频内容直接嵌入到 Flash SWF 文件中会显著增加发布文件的大小,因此仅适合于小的视频文件。

(4)单击"下一步"设定外观及背景色,如图 5 – 40 所示。

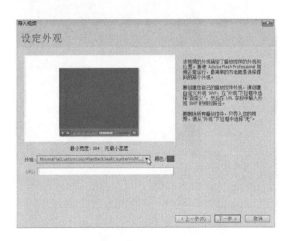

图 5 – 40　设定外观

(5)单击"下一步"在弹出的"完成视频导入",对话框中点"完成"按钮,完成导入。如图 5 – 41 所示。

(6)导入后的效果如图 5 – 42 所示。

Flash CS6 可以对视频进行缩放、旋转、扭曲、遮罩等操作,还可以结合 Alpha 通道将视频编辑为透明背景的视频,并且可以通过脚本来实现交互效果。

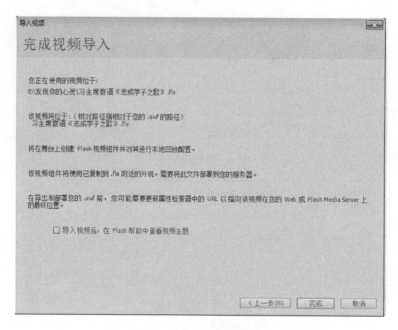

图 5－41　完成视频导入

图 5－42　导入视频后的效果

### 5.6.4　课后思考与练习

（1）如何设置视频的淡入、淡出效果？
（2）如何控制视频的播放与停止？

# 5.7　Actionscript 基础

Flash 动画不仅可以根据不同的要求动态地调整动画播放的顺序或内容，也可以接受反馈的信息实现交互操作，这些都可以利用 Flash 中的编程语言 ActionScript 来实现。ActionScript 是 Flash 中的一种高级技术，也是 Flash 中的一种编程语言。学会 ActionScript 就可以做出更加完美的 Flash 作品。

## 5.7.1　实验目的

（1）掌握按钮元件的制作。

（2）掌握 ActionScript 的基础。

（3）掌握用 ActionScript 语句控制动画播放的方法。

## 5.7.2　实验环境

（1）微型计算机。

（2）Windows 操作系统。

（3）Adobe Flash Professional CS6。

## 5.7.3　实验内容和步骤

（1）选择"文件|"新建"命令，在弹出的"新建文档"对话框中选择"ActionScript3.0"选项，单击"确定"按钮。

（2）选择"文件"|"导入"|"导入到库"，将事先准备好的七张图片导入到库中。如图 5－43所示，将此七张图片依次排放在舞台左边。

**图 5－43　导入图片到库中**

（4）选择第120帧，按F6键插入关键帧，用"选择工具"选中图片实例，按住Shift键的同时，拖动七张图片到舞台右边。

（5）用鼠标右键单击第1帧，在弹出的菜单中选择"创建传统补间"命令，在第1帧与第120帧之间生成传统补间动画。

（6）选择"插入"｜"新建元件"命令，在弹出的对话框中输入元件名称为"开始"，类型选择为"按钮"，如图5-44所示，点击"确定"进入元件编辑。

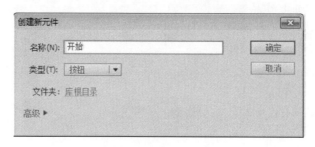

图5-44　创建开始元件

（7）在按钮元件编辑状态下，选择矩形工具，在"属性"面板设置"边角半径"为15。

（8）绘制圆角矩形，单击时间轴下方的新建图层按钮，添加一图层，将图层名改为"文字"。选择文字工具，在矩形上输入"开始"。如图5-45所示。

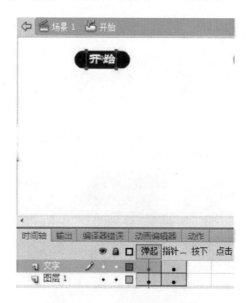

图5-45　"开始"按钮编辑

（9）选中"指针经过"帧，按F6键插入关键帧，选择文字图层的指针经过帧，将文字填充色改为红色，双击"场景1"退出按钮的编辑。

（10）选择"插入"｜"新建元件"命令，在弹出的对话框中输入元件名称为"停止"，类型选择为"按钮"，如图5-46所示。用相同的方法制作按钮元件"停止"，及鼠标经过文字变色效果。

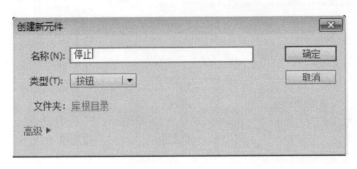

**图 5 - 46　创建新元件**

　　(11)新建图层并将其命名为"按钮"图层。分别将"库"面板中的按钮元件"开始"与"停止"拖放到舞台窗口中适当位置。在舞台中选中"开始"实例,在按钮元件属性面板中输入实例名称为"start_Btn",如图 5 - 47 所示。

　　(12)在舞台中选中"停止"实例,在按钮元件属性面板中输入实例名称为"stop_Btn",如图 5 - 48 所示。

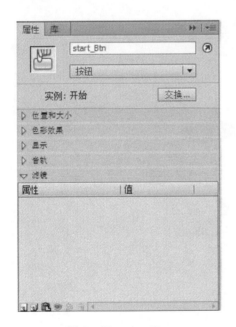

**图 5 - 47　start_Btn**

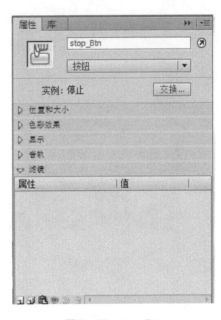

**图 5 - 48　stop_Btn**

　　(13)新建图层并将其命名为"动作脚本"。按 F9 键打开动作面板输入脚本:

```
start_Btn. addEventListener( MouseEvent. CLICK, nowstart);
function nowstart( event: MouseEvent): void{
play( );
}
```

```
stop_Btn. addEventListener( MouseEvent. CLICK, nowstop) ;
function nowstop( event：MouseEvent)：void{
stop( ) ;
}
```

（14）场景效果如图 5 - 49 所示。按 Ctrl + Enter 键即可查看运行效果，如图 5 - 50 所示。

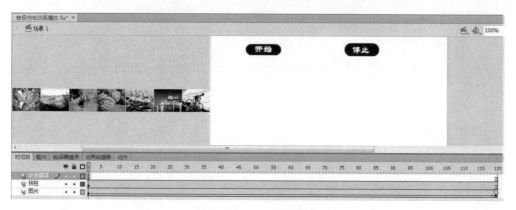

图 5 - 49    场景效果

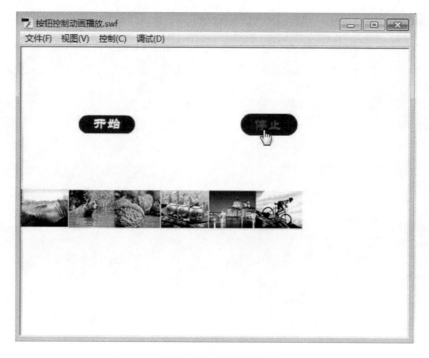

图 5 - 50    运行效果

## 5.7.4    课后思考与练习

如何在音乐的播放中用按钮控制音乐的播放与停止？

# 第 6 章　网页设计与制作基础

## 6.1　WEB 服务器的构建

### 6.1.1　实验目的

（1）了解 WEB 服务器的工作原理。

（2）掌握在 Windows 中构建网站服务器的方法。

（3）掌握虚拟目录的创建方法。

（4）掌握网页的访问方法。

### 6.1.2　实验环境

（1）微型计算机。

（2）Windows 操作系统。

（3）局域网。

### 6.1.3　实验内容和步骤

在进行网页设计之前，我们还必须构建好网页的运行的环境。网页程序是一种 B/S 体系结构的软件，客户端浏览器一般不需要安装特殊的软件，使用操作系统自带的浏览器即可。但是服务器端软件却需要安装专门的软件，在 Windows 下一般使用 IIS（Internet Information Services），不同的 Windows 版本也对应不同的 IIS 版本。目前常使用的有以下几种组合：

（1）Windows XP + IIS 5.1

（2）Windows 2003 Server　+　IIS 6.0

（3）Windows Server 2008 + IIS7.0

（4）Windows 7/Windows Server 2008 R2　+ IIS7.5

（5）Windows10 + IIS8.5

一般情况下，专业的网站服务器都需要选择 Server 版本的操作系统，以获得更好的处理能力。对于各种操作系统，IIS 的安装方法基本类似，下面我们以 Windows 10 专业版为例，来了解一下 IIS 的安装和设置方法。

#### 1.IIS 的安装

对于 Windows 7 以下的版本，安装 IIS 需要事先准备好 Windows 安装光盘或从互联网下载 Windows 系统版本相配套的 IIS 安装包，然后执行安装操作；Windows 7 及以上版本只需要打开 IIS 组件即可。

（1）点击"Windows"键进入"开始"菜单，点击"所有应用"，在"所有应用"菜单里点击"Windows 系统"里的"控制面板"，进入"控制面板"，如图 6 – 1 所示。

图 6 – 1　进入 Windows 控制面板

（2）在"控制面板"主界面中点击"程序"，如图 6 – 2 所示。如果"控制面板"是图标视图的话，则选择"程序和功能"。进入"程序"管理界面之后，就可以对 Windows 的组件作相应的调整与设置，这里选择"启用或关闭 Windows 功能"，如图 6 – 3 所示。

（3）在"Windows 功能"对话框里选中"Internet Information Services"，如图 6 – 4 所示。在"Internet Information Services"功能展开选择框里根据你的需要选择需要的功能就行了，比如我们要用 FTP 功能和能运行 ASP、ASP. NET 程序等，只要选中这些功能就行了，如图 6 – 5 所示。点击"确定"按钮，完成 IIS 功能的开启。

**图 6-2　"控制面板"主界面(类别视图)**

**图 6-3　程序和功能主界面**

需要说明的是,对于初学者,一般只需要对"Internet Information Services"下"万维网服务"中的"应用程序开发功能"进行配置,其他建议保持默认即可。

(4)选择好需要开启的功能,并点击"确定"后,Windows 功能开始下载并安装你选择的功能,直到出现"Windows 已完成请求的更改",点击重启电脑,即完成 IIS 的安装。

(5)系统重启完成之后,打开浏览器,在地址栏输入网址"http://localhost",如果能打开

图 6 - 4　启用或关闭 Windows 功能

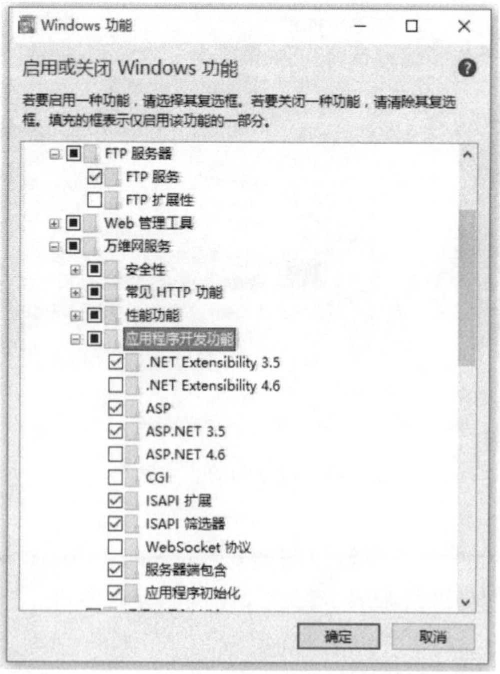

图 6 - 5　启用 IIS 相关功能

IIS 的默认首页，如图 6 - 6 所示，就代表 IIS 安装成功。

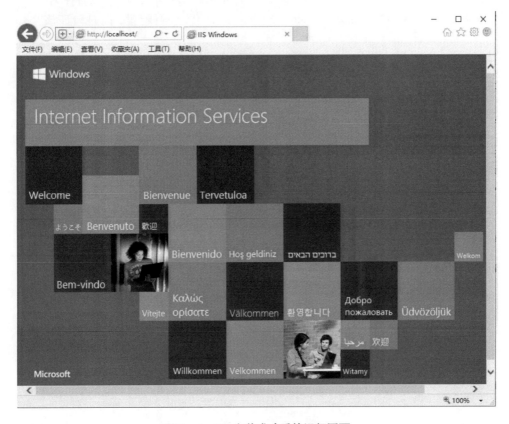

**图 6 - 6　IIS 安装成功后的运行页面**

### 2. 网站文件夹的建立

在进行网页设计时，一般应该将设计制作的网页和其他资源都放在一个统一的文件夹里，我们把该文件夹称之为网站文件夹。考虑到数据安全问题，一般不建议把网站文件夹建立在系统盘里。

（1）在 E 盘建立一个网站文件夹"WEB"。

（2）利用记事本建立一个文件，文件内容如下：

```
< HTML >
< HEAD >
    < TITLE > 我的第一个网页 < /TITLE >
< /HEAD >
< BODY >
    < CENTER >
    < FONT SIZE = 4 COLOR = RED > 湖南工业大学 < /FONT >
    < BR > 这是我的第一个网页!
    < /CENTER >
< /BODY >
```

&lt;/HTML&gt;

（3）将以上内容的文件保存至 E：\WEB。在记事本中，选择"文件"|"另存为"，文件类型选择"所有文件"，文件名为：index. htm。接下来将对 IIS 进行配置，同时验证该文件的运行效果。

### 3. IIS 的配置

IIS 安装后，系统自动创建了一个默认的 Web 站点。该站点的主目录默认为"C：\Inetpub\wwwroot"，实际使用时，可以根据自己的情况适当修改。

通过依次打开"控制面板"|"系统和安全"|"管理工具"|"Internet Information Services（IIS）管理器"，进入如图 6 - 7 所示的界面，接着即可进行各种配置操作了。

**图 6 - 7　Internet Information Services 管理器**

（1）基本属性设置

①启用父路径。在如图 6 - 7 所示的界面中，双击"ASP"，进入如图 6 - 8 所示的界面，为保证网页程序的正常运行，一般需要"启用父路径"，即将"启用父路径"的值设置为"True"。

②设置调试属性。在初期进行网页设计时，可能会出现各种各样的错误，为了更容易地发现错误并更正，我们可以对"调试属性"进行修改。比如将"将错误发送到浏览器"的值设置为"True"，这样，万一网页发生错误，将在浏览器直接显示，可以辅助我们查找并更正错误。同时也可以对脚本错误信息、服务器端调试等进行更改。

以上两步设置如果修改完毕，还必须点击右上角的"操作"栏中的"应用"，才会正式生效。

（2）设置网站物理路径

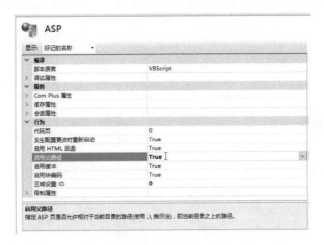

图 6 – 8　启用父路径

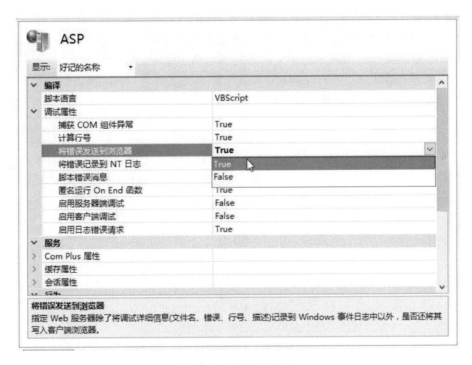

图 6 – 9　设置调试属性

网站物理路径，也称之为网站主目录。当网站文件夹与 IIS 建立联系后，也即将网站文件夹设置为网站的物理路径，放置在其中的资源即发布到互联网供用户访问。

在图 6 – 7 所示的"Internet Information Services（IIS）管理器"主界面中，点击展开左边的"网站"，然后点击"Default Web Site"；在右边操作栏中选择"基本设置"，打开如图 6 – 10 所示的界面，默认的物理路径（主目录）为"% SystemDrive% \inetpub \wwwroot"，点击"物理路径"后的"…"按钮，将物理路径更改为"E：\WEB"，至此，即完成了网站主目录的设置。

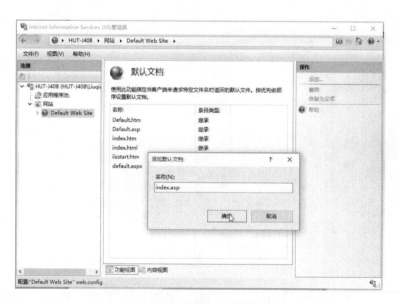

图 6-10　网站主目录设置

（3）设置网站的默认文档

默认文档是由服务器提供给在请求中没有指定文件名的站点访问者的文档。通过设置默认文档，Web 服务器可以对所有不包含文件名的请求都用默认文档作出响应。

如同网站物理路径设置，打开"Default Web Site"主页后，在"功能视图"区选择"默认文档"，即进入默认文档的设置界面，如图 6-11 所示。

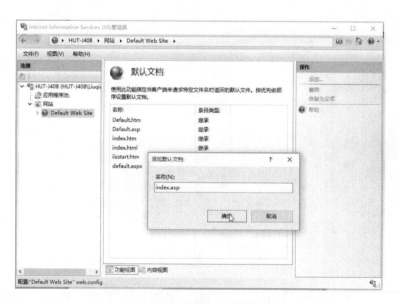

图 6-11　默认文档设置

一般的默认文档列表包含 default. htm、default. asp、index. htm、index. html 等，现在很多网站也把 index. asp、index. jsp、index. php 作为网站的首页，因此，我们最好把 index. asp、 index. jsp、index. php 也添加进默认文档列表，如图 6 - 11 所示。当服务器接收到浏览者的请求时，无法确定具体的访问页面时，按列表依次查找默认页，若查找不到默认页（即默认列表中文件在网站文件夹中都不存在），则给出一个出错提示。

（4）绑定网站的访问地址

为使用户访问到我们设置的网站，还必须为网站绑定一个可供访问的 IP 地址。在 "Default Web Site" 主页中，选择右侧 "操作" 栏的 "绑定"，打开 "网站绑定" 界面。"Default Web Site" 默认占用了系统所有计算机 IP 的 TCP 80 端口。修改时点击 "网站绑定" 的绑定记录，然后选择 "编辑"，即可以修改 IP 地址及端口号，如图 6 - 12 所示。这里，将 IP 地址修改为本机 IP——172. 18. 16. 98。端口号一般选择默认的 80 端口，当 80 端口被占用、无法启动网站时，再选择其他端口。

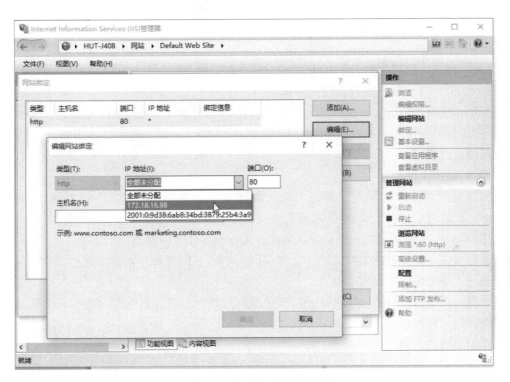

**图 6 - 12　修改网站的绑定地址**

（5）验证配置结果

经过步骤（2）（3）（4）的操作，网站配置基本完成。点击右侧 "操作" 栏的 "重新启动"，然后在浏览器地址栏中输入网址 "http：//172. 18. 16. 98"，如果能看到如图 6 - 13 所示的运行结果，这表示网站配置成功。

（6）网站的访问方法

假设 WEB 文件夹中的首页是 index. htm，已经将网站的物理路径指向 WEB 文件夹，则访问 index. htm 的方法有：

①http：//localhost/index. htm

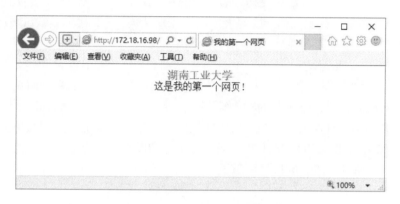

图 6－13　IIS 配置成功后网页运行界面

②http：//127.0.0.1/index. htm

③http：//您的计算机的名字/index. htm

④http：//您的计算机的 IP 地址/index. htm

当然如果把 index. htm 设置为了默认文档，则不需要输入 index. htm 即可访问到 index. htm。其中①②两种方法只有在没有绑定 IP 地址时才有效，一旦绑定具体的 IP 地址，则只能通过方法③④访问了。

### 4. 添加站点

在实际使用时，一个 Web 服务器上面可能要放多个网站，那么我们就需要除"Default Web Site"（默认网站）之外，新建其他站点。

我们在图 6－7 所示的"Internet Information Services（IIS）管理器"窗口中，选择"网站"，用鼠标右键单击，在弹出的快捷菜单中选择"添加网站"，即可打开新建站点对话框。我们只要按照提示，一步一步地操作即可完成新站点的创建。

新建站点时，物理路径、网站绑定和网站名称可同时设置，如图 6－14 所示，其他项目的设置方法同默认网站的设置方法。

### 5. 虚拟目录的创建

虚拟目录是指网站文件夹以外的文件夹。使用虚拟目录，可以访问没有被包含在站点中的文件，但在逻辑上却认为是包含在网站主目录中。虚拟目录应该具有别名，浏览器通过虚拟目录别名来访问该目录的。

在 Internet Information Services（IIS）管理器中选择要建立虚拟目录的 Web 站点，右击调出快捷菜单，从中选择"添加虚拟目录"子菜单，即可启动虚拟目录创建对话框，如图 6－15 所示。建立虚拟目录一般需要输入虚拟目录的别名、输入虚拟目录的物理路径、指定虚拟目录的访问权限等步骤才能完成虚拟目录的创建。

（1）在 F 盘创建文件夹 temp。

（2）利用记事本建立一个文件，文件内容如下：

<HTML >

<HEAD >

　　<TITLE >虚拟目录测试 </TITLE >

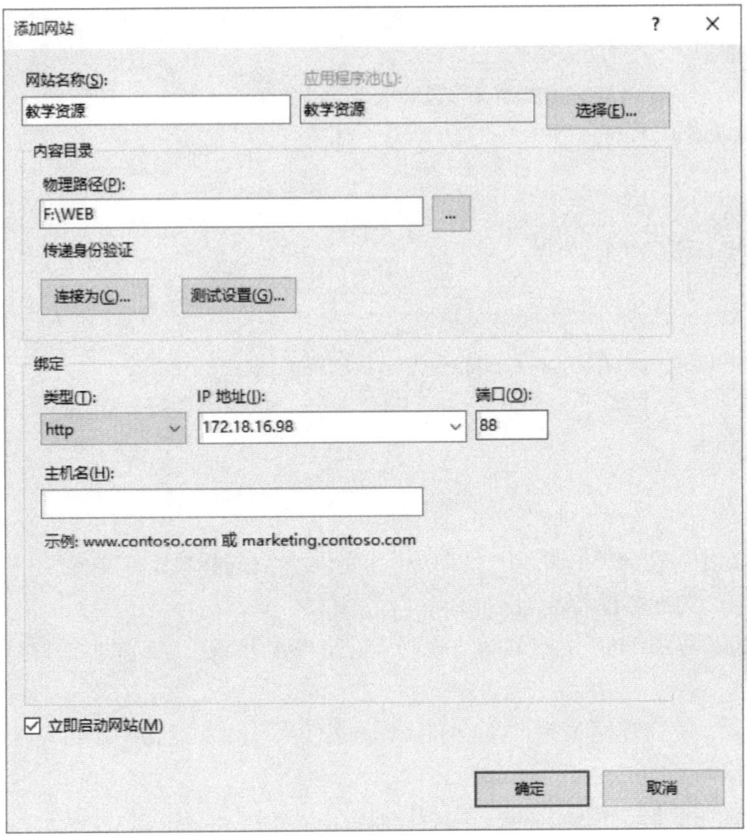


图 6－14　添加网站界面

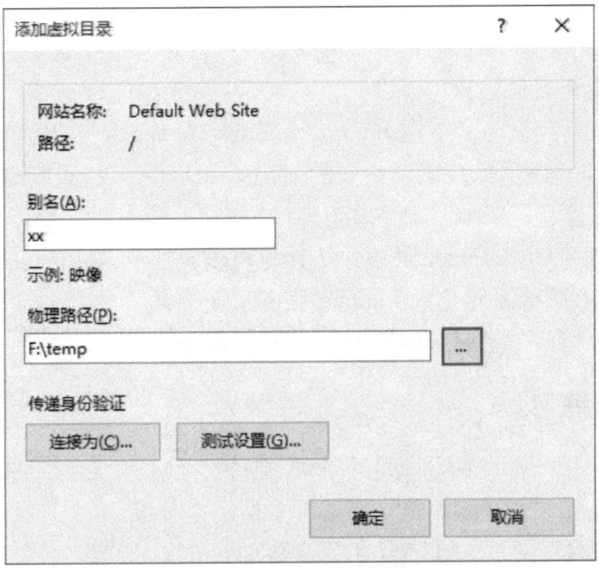


图 6－15　虚拟目录的创建

```
    </HEAD >
    < BODY >
        < CENTER >
        < FONT SIZE = 4 COLOR = RED > 湖南工业大学 </FONT >
        < BR > 这是虚拟目录测试!
        < BR >
        现在时间是:
        < % RESPONSE. WRITE NOW
        % >
        < BR >
        < % RESPONSE. WRITE SERVER. MAPPATH( "INDEX. ASP" )
        % >
        </CENTER >
    </BODY >
    </HTML >
```

（3）在记事本中，选择"文件"｜"另存为"，文件类型选择"所有文件"，将文件保存至 F 盘 temp 文件夹下，文件名保存为"index. asp"。

（4）在"Default Web Site"上点右键，选择"新建虚拟目录"，在弹出的对话框中，输入别名"xx"。

（5）选择目录，使物理路径指向 F 盘的 temp 文件夹，接着点击"确定"，完成虚拟目录的创建。

（6）在浏览器地址栏中输入"http：//（IP 地址）/xx/index. asp"，可以查看到网页运行情况，这时就好像 xx 文件夹包含在网站物理路径中的一个子文件夹。

**注意**：（1）虚拟目录的别名一般不使用中文名字。

（2）在非 Server 版本的 Windows 中，只能建立虚拟目录，不能新建站点，也即只支持建立一个网站。如 Windows XP 就只能建立一个网站，但可以建立多个虚拟目录。

### 6. 停止、启动或重新启动站点

要停止、启动或重新启动站点，在 Internet Information Services（IIS）管理器中右键单击相应的站点，然后选择"管理网站"快捷菜单中的"停止""启动"或"重新启动"命令或者在右侧"操作"栏中直接点击"停止""启动"或"重新启动"按钮，其中：

- 停止站点命令将停止 Internet 服务并从计算机内存中卸载 Internet 服务。
- 启动站点命令将把已经停止的 Internet 服务重新启动。
- 重新启动站点命令将重新启动或恢复 Internet 服务。

## 6.1.4　课后思考与练习

（1）某同学开发了一个显示来访时间的 ASP 文件，存放在"C：\inetpub\wwwroot"下，然后在资源管理器中双击该文件，却不能正常显示，请问是什么原因。

（2）如果用记事本编写网页，另存为时保存类型不选择"所有文件"，结果会怎样？

（3）想一想，把一个 HTML 网页文件直接更改扩展名为. asp 行不行？

（4）请根据自己的实际情况搭建 ASP 的运行环境。

(5)一个网站可否绑定多个 IP 地址，或者使用同一个 IP 地址的多个端口号？

# 6.2　HTML 基础

## 6.2.1　实验目的

(1)掌握 HTML 语言的语言结构、语法格式、各标记的常见的属性及参数含义。

(2)培养阅读网页 HTML 格式文件的能力。

(3)掌握使用 HTML 语言插入图像的方法。

(4)掌握在网页中使用多媒体元素的方法。

## 6.2.2　实验环境

(1)微型计算机。

(2)Windows 操作系统。

(3)Dreamweaver CS6。

## 6.2.3　实验内容和步骤

### 1.准备工作

(1)按照实验 6.1 的要求，建立好网站文件夹，即在 E 盘建立一个网站文件夹"WEB"。

(2)将 IIS 的主目录(或称物理路径)指向您所建立的网站文件夹，并设定好默认文档。

(3)编辑"网站绑定"的相关设置。如果仅仅是在本机进行实验，"网站绑定"也可以不设置，那么在本机上即可使用"http：//localhost"访问到您的网站文件夹中的资源；如果需要他人协助调试网页，则绑定一个 IP 地址(一般是指本机的 IP)，则可以使用"http：//(WEB 服务器的 IP 地址)"访问您网站文件夹中的资源。

### 2.熟悉 HTML 基本结构

(1)启动 Dreamweaver CS6，新建 HTML 网页，如图 6 – 16 所示。新建 HTML 网页后，进入 Dreamweaver 的主界面，点击进入"代码"视图，即可看到 Dreamweaver 自动生成的 HTML 基本结构，如图 6 – 17 所示。

从图 6 – 17 中我们可以看到，Dramweaver 生成的 HTML 基本结构如下：

```
1 <！DOCTYPE html PUBLIC " –//W3C//DTD XHTML 1.0 Transitional//EN"
"http：//www. w3. org/TR/xhtml1/DTD/xhtml1 – transitional. dtd" >
2 < html xmlns = "http：//www. w3. org/1999/xhtml" >
3 < head >
4 < meta http – equiv = "Content – Type"  content = "text/html; charset = utf – 8" / >
5 < title > 无标题文档 </title >
6 </head >
7
8 < body >
9 </body >
10 </html >
```

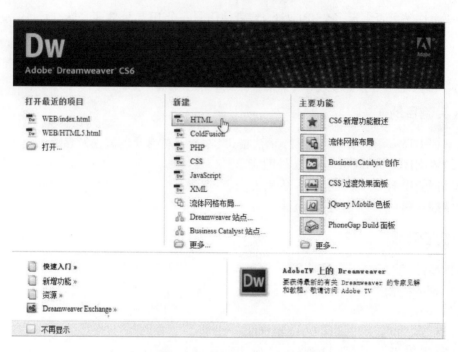

**图 6 – 16　通过 Dreamweaver 新建 HTML 网页**

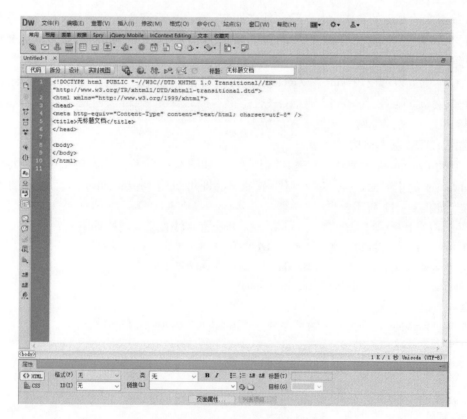

**图 6 – 17　Dreamweaver 代码视图**

　　**注意**：本文中涉及到 HTML 时，如无特别说明，代码前的行号都统一为 Dreamweaver 代码视图中显示的行号，实际编写 HTML 代码时不用添加这些序号。

　　HTML 文档通常分为文件头（位于 < head > 和 < /head > 之间的内容）和正文（ < body > 和 < /body > 之间的内容）两部分。文件头用以记录与网页相关的重要信息，例如标题、关键字等等，通常文件头部分除标题外的部分不会在浏览器中显示，而正文部分，则是网页的主体内容，将在浏览器中显示。

　　（2）将以上源代码保存至网站文件夹 E：\WEB，文件名设置为：6 - 2 - 1. htm。

　　（3）在浏览器中输入地址"http：//localhost/6 - 2 - 1. htm"，查看运行效果。我们会看到打开的网页是空白一篇，只有浏览器标题栏显示了"无标题文档"。下面我们将在该网页中逐步添加内容。

　　**3. 网页主要参数的设置**

　　（1）网页标题 title 的设置

　　< title > 和 < /title > 是嵌套在 < HEAD > 头部标签中的，标签之间的文本是文档标题，它被显示在浏览器窗口的标题栏。

　　①在 Dreamweaver 代码视图中，将文件 6 - 2 - 1. htm 代码中第 5 行的"无标题文档"修改为"欢迎访问我的主页"，即

　　　　< title > 欢迎访问我的主页 < /title >

　　②在浏览器中刷新页面，查看浏览器中网页标题的变化。

　　（2）头部信息设置

　　head 元素包含了与当前文档相关的信息，如文档的标题、关键字（如果该文档希望被搜索引擎搜索到，各部分信息很重要）、以及一些和文档内容无关仅对文档本身进行说明的数据信息。在 < head > 和 < /head > 之间使用 meta 元素可以完成对网页编码、页面描述、刷新频率的设置，还可以添加关键字、作者等，例如网页 6 - 2 - 1. htm 的第 4 行就是用于指定页面编码规则的。

　　①在 6 - 2 - 1. htm 的第 4 行和第 5 行之间增加以下代码：

< meta name = " author"  content = " yourname" >

< meta name = " keywords"  content = " 网页设计" >

< meta name = " description"  content = " 本网页是我开发的第一个网页，现在正在设置文件头" >

< meta http - equiv = " refresh"  content = " 5" >

　　②插入以上代码后，HTML 代码更改为如图 6 - 18 所示的界面。

　　③在浏览器中刷新页面，查看浏览器中网页的变化。

　　（3）html 的主体标签 < body >

　　在 < body > 和 < /body > 中放置的是页面中所有的内容，如图片、文字、表格、表单、超链接等设置。 < body > 里面的是对页面背景、链接属性、文字颜色等的设置，对于属性可根据页面的效果来定，用哪个属性就设定哪个属性。

　　①在如图 6 - 18 所示的代码中，将第 11 行 < body > 改为以下内容：

< body text = " #000000"  link = " #000000"  alink = " #000000"  vlink = " #000000"

　　　　　　　bgcolor = " #000000"  leftmargin = 3 topmargin = 2 bgproperties = " fixed" >

　　②在浏览器中刷新页面，查看浏览器中网页的变化。

```
1  <!DOCTYPE html PUBLIC "-//W3C//DTD XHTML 1.0 Transitional//EN"
   "http://www.w3.org/TR/xhtml1/DTD/xhtml1-transitional.dtd">
2  <html xmlns="http://www.w3.org/1999/xhtml">
3  <head>
4  <meta http-equiv="Content-Type" content="text/html; charset=utf-8" />
5  <meta name="author" content="yourname">
6  <meta name="keywords" content="网页设计">
7  <meta name="description" content="本网页是我开发的第一个网页，现在正在设置文件头">
8  <meta http-equiv="refresh" content="5">
9  <title>欢迎访问我的主页</title>
10 </head>
11 <body>
12 </body>
13 </html>
```

**图 6 – 18　设置网页头部信息**

（4）背景颜色的设定

①将如图 6 – 18 所示的代码中的第 11 行 < body > 的属性 bgcolor = "#000000" 改为 bgcolor = "#336699"。

②观察 6 – 2 – 1. htm 页面样式的改变。

③按照以下提示分别试验四重不同颜色表示方法，保存后查看网页的变化。

**注意：**颜色值是一个关键字或一个 RGB 格式的数字。在网页中用得很多，颜色是由"red""green""blue"三原色组合而成的。应用时常在每个 RGB 值之前加上"#"符号，如 bgcolor = "#336699"；用英文名字表示颜色时直接写名字，如 bgcolor = green。

RGB 颜色可以有四种表达形式：

①#rrggbb（如，#00cc00）。

②#rgb（如，#0c0）。

③rgb(x, x, x)。x 是一个介于 0 到 255 之间的整数（如，rgb(0, 204, 0)）。

④rgb(y%, y%, y%)。y 是一个介于 0.0 到 100.0 之间的整数（如，rgb(0%, 80%, 0%)）。

**4. 基本格式的设置**

（1）换行标签 < br >

①在图 6 – 18 所示的界面中第 11 和第 12 行间，也即 < body > 和 </body> 间输入以下内容，可以修改头部信息，并以 6 – 2 – 2. htm 为文件名保存。

无换行标记：登鹳雀楼　白日依山尽，黄河入海流。欲穷千里目，更上一层楼。

< br >有换行标记：< br >登鹳雀楼 < br >白日依山尽，< br >黄河入海流。< br >欲穷千里目，< br >更上一层楼。

②修改后的代码如图 6 – 19 所示。

③在浏览器中输入网址"http：//localhost/6 – 2 – 2. htm"，查看网页的运行效果。

（2）段落标签 < p >

①在图 6 – 18 所示的界面中第 11 和第 12 行间，也即 < body > 和 </body> 间输入以下内容，可以修改头部信息，并以 6 – 2 – 3. htm 为文件名保存。

< p >花儿什么也没有。它们只有凋谢在风中的轻微、凄楚而又无奈的吟怨，

```
1  <!DOCTYPE html PUBLIC "-//W3C//DTD XHTML 1.0 Transitional//EN"
   "http://www.w3.org/TR/xhtml1/DTD/xhtml1-transitional.dtd">
2  <html xmlns="http://www.w3.org/1999/xhtml">
3  <head>
4  <meta http-equiv="Content-Type" content="text/html; charset=utf-8" />
5  <meta name="author" content="yourname">
6  <meta name="keywords" content="网页设计">
7  <meta name="description" content="本网页是我开发的第一个网页">
8  <meta http-equiv="refresh" content="5">
9  <title>欢迎访问我的主页</title>
10 </head>
11 <body text="#000000" link="#000000" alink="#000000" vlink="#000000" bgcolor="#336699" leftmargin=3
   topmargin=2 bgproperties="fixed">
12 无换行标记：登鹳雀楼　白日依山尽，黄河入海流。欲穷千里目，更上一层楼。
13 <br>有换行标记：<br>登鹳雀楼<br>白日依山尽，<br>黄河入海流。<br>欲穷千里目，<br>更上一层楼。
14 </body>
15 </html>
```

**图 6 – 19　HTML 中使用换行标签**

就像那受到了致命伤害的秋雁，悲哀无助地发出一声声垂死的鸣叫。</p>

<p align = "right">或许，这便是花儿那短暂一生最凄凉、最伤感的归宿。</p>

<p align = center>而美丽苦短的花期</p>

<p align = "left">却是那最后悲伤的秋风挽歌中的瞬间插曲。</p>

②修改后的代码如图 6 – 20 所示。

```
1  <!DOCTYPE html PUBLIC "-//W3C//DTD XHTML 1.0 Transitional//EN"
   "http://www.w3.org/TR/xhtml1/DTD/xhtml1-transitional.dtd">
2  <html xmlns="http://www.w3.org/1999/xhtml">
3  <head>
4  <meta http-equiv="Content-Type" content="text/html; charset=utf-8" />
5  <meta name="author" content="yourname">
6  <meta name="keywords" content="网页设计">
7  <meta name="description" content="本网页是我开发的第一个网页">
8  <meta http-equiv="refresh" content="5">
9  <title>欢迎访问我的主页</title>
10 </head>
11 <body text="#000000" link="#000000" alink="#000000" vlink="#000000" bgcolor="#336699" leftmargin=3
   topmargin=2 bgproperties="fixed">
12 <p>花儿什么也没有。它们只有凋谢在风中的轻微、凄楚而又无奈的吟恩，
13 就像那受到了致命伤害的秋雁，悲哀无助地发出一声声垂死的鸣叫。</p>
14 <p align="right">或许，这便是花儿那短暂一生最凄凉、最伤感的归宿。</p>
15 <p align=center>而美丽苦短的花期</p>
16 <p align="left">却是那最后悲伤的秋风挽歌中的瞬间插曲。</p>
17 </body>
18 </html>
```

**图 6 – 20　HTML 中使用 < p > 标签**

②在浏览器中输入网址"http：//localhost/6 – 2 – 3. htm"，查看网页的运行效果。

（3）居中对齐标签 < center >

①在图 6 – 18 所示的界面中第 11 和第 12 行间，也即 < body > 和 </body> 间输入以下内容，可以修改头部信息，并以 6 – 2 – 4. htm 为文件名保存。

< CENTER >

《送孟浩然之广陵》<p>故人西辞黄鹤楼，烟花三月下扬州。孤帆远影碧空尽，惟见长江天际流。

</CENTER >

②在浏览器中输入网址"http：//localhost/6 – 2 – 4. htm"，查看网页的运行效果。

（4）标题文字标签＜hn＞

①在图6-18所示的界面中第11和第12行间，也即＜body＞和＜/body＞间输入以下内容，并以6-2-5.htm为文件名保存。

＜H1 ALIGN = "CENTER"＞一级标题。＜/H1＞

＜H2＞二级标题。＜/H2＞

＜H3＞三级标题。＜/H3＞

＜H4＞四级标题。＜/H4＞

＜H5 ALIGN = "RIGHT"＞五级标题。＜/H5＞

＜H6 ALIGN = "LEFT"＞六级标题。＜/H6＞

②在浏览器中输入网址"http：//localhost/6-2-5.htm"，查看网页的运行效果。

（5）水平分隔线标签＜hr＞

①在上述6-2-5.htm文件中"＜H1 ALIGN = "CENTER"＞一级标题。＜/H1＞"语句下增加语句：

＜hr＞

②在浏览器中输入网址"http：//localhost/6-2-5.htm"，查看网页的运行效果。

③在＜hr＞中分别添加如表6-1所示的各种属性，观看水平线的变化。

表6-1　　＜hr＞属性表

| 属性 | 参数 | 功能 | 单位 | 默认值 |
| --- | --- | --- | --- | --- |
| size | | 设置水平线的粗细 | pixel（像素） | 2 |
| width | | 设置水平线的宽度 | pixel（像素）、% | 100% |
| align | left center right | 设置水平隔线的对齐方式 | | center |
| color | | 设置水平线的颜色 | | black |
| noshade | | 取消水平线的3d阴影 | | |

（6）字体属性＜font＞

①将6-2-5.htm中的一级标题文字设置为红色、隶书。查看网页更改后的效果。

②将6-2-5.htm中的一级标题一行"＜H1 ALIGN = "CENTER"＞一级标题。＜/H1＞"更改为"＜font size =7＞一级标题。＜/font＞"。

③保存之后，重新浏览网页，比较一下，与更改前有何变化。

**注意**：字体属性设置的基本格式为：

＜font face = "值1" size = "值2" color = "值3"＞文字　＜/font＞

如果用户的系统中没有face属性所指的字体，则将使用默认字体，如表6-2所示。size属性的取值为1~7。也可以用"＋"或"－"来设定字号的相对值。color属性的值为：rgb颜色"#nnnnnn"或颜色的名称。

表 6－2　字体属性 < font > 的属性及默认值

| 属性 | 使用功能 | 默认值 |
| --- | --- | --- |
| face | 设置文字使用的字体 | 宋体 |
| size | 设置文字的大小 | 3 |
| color | 设置文字的颜色 | 黑色 |

**5. 超链接的应用**

(1)网站内部的书签链接

书签链接，其实是相同页面链接，也称之为页面内部链接、锚记链接。

①在图 6－18 所示的界面中第 11 和第 12 行间，也即 < body > 和 </body > 间输入以下内容，并以 6－2－6a. htm 为文件名保存。

< a name = "top" > < H2 > 唐诗欣赏 </H2 > </a >

< a name = "lb" > < H2 > 李白 </H2 > </a >

< A href = "#T. 2"　target = "_blank" > 清平调三首 </A > < br >

< A href = "#T. 1" > 长干行 </A > < br >

< A href = "#T. 3" > 月下独酌 </A >

< HR > < BR > < BR >

< H3 > < A NAME = "T. 2" > 清平调三首 </A > </H3 >

云想衣裳花想容，< br > 春风拂槛露华浓。< br > 若非群玉山头见，< br > 会向瑶台月下逢。< br > 一枝红艳露凝香，< br > 云雨巫山枉断肠。< br > 借问汉宫谁得似？ < br > 可怜飞燕倚新妆。< br > 名花倾国两相欢，< br > 长得君王带笑看。< br > 解释春风无限恨，< br > 沈香亭北倚阑干。

< H3 > < A NAME = "T. 1" > 长干行 </A > </H3 >

妾发初覆额，< br > 折花门前剧。< br > 郎骑竹马来，< br > 绕床弄青梅。< br > 同居长干里，< br > 两小无嫌猜。< br > 十四为君妇，< br > 羞颜未尝开。< br > 低头向暗壁，< br > 千唤不一回。< br > 十五始展眉，< br > 愿同尘与灰。< br > 常存抱柱信，< br > 岂上望夫台。< br > 十六君远行，< br > 瞿塘滟滪堆。< br > 五月不可触，< br > 猿声天上哀。< br > 门前迟行迹，< br > 一一生绿苔。< br > 苔深不能扫，< br > 落叶秋风早。< br > 八月蝴蝶来，< br > 双飞西园草。< br > 感此伤妾心，< br > 坐愁红颜老。< br > 早晚下三巴，< br > 预将书报家。< br > 相迎不道远，< br > 直至长风沙。

< BR >

< BR > < A href = "#top" > 唐诗欣赏 </a >

< BR > < H3 > < A NAME = "T. 3" > 月下独酌 </A > </H3 >

花间一壶酒，< br > 独酌无相亲。< br > 举杯邀明月，< br > 对影成三人。< br > 月既不解饮，< br > 影徒随我身。< br > 暂伴月将影，< br > 行乐须及春。< br > 我歌月徘徊，< br > 我舞影零乱。< br > 醒时同交欢，< br > 醉后各分散。< br > 永结无情游，< br > 相期邈云汉。

②在浏览器中输入网址"http：//localhost/6－2－6a. htm"，查看网页的运行效果。

③分别点击网页上部的"清平调三首""长干行""月下独酌"的文字，观察网页的跳转情况以及浏览器地址栏的地址变化情况。

（2）网站内部不同页面之间的书签链接

①在图 6 – 18 所示的界面中第 11 和第 12 行间，也即 < body > 和 </body > 间输入以下内容，并以 6 – 2 – 6b. htm 为文件名保存。

< a href = "6 – 2 – 6a. htm#lb" > < h1 align = "center" > < font color = "#339933" > 李白 </font > </h1 > </a >

< font color = "#339933" size = " + 2" > 李白（701 ~ 762），< br > 字太白，号青莲居士。< br > 祖籍陇西成纪（今甘肃省天水市附近的秦安县），< br > 隋朝末年其先祖因罪住在中亚细亚。< br > 李白的家世和出生地至今还是个谜，< br > 学术界说法不一。< br > 一说李白就诞生在安西都护府所辖的碎叶城，< br > 五岁时随父迁到绵州昌隆县青莲乡。< br >

< p > 李白性情豪放，< br > 喜爱纵横家的作风，< br > 爱好任侠之事，轻视财货。< br > 早年在蜀中度过。他的父亲是个富商。< br > 李白二十五岁开始漫游全国，< br > 走过湖北、江西、河南、山东等地。< br > </p > < p > < A NAME = "libai" > 李白蔑视权贵 </A >，< br > 传说他喝醉酒，< br > 曾在玄宗面前使高力士给他脱靴。< br > 高力士认为这是很大的耻辱，< br > 就摘取李白诗句激怒杨贵妃。< br > 玄宗每次让李白做官，杨贵妃就加以阻止。< br > 李白知道玄宗的亲信对他有意见，< br > 于是恳求还家。< br > 玄宗赐给他财物，放他开。< br > </p >

< p > 李白是我国唐代伟大的浪漫主义诗人，< br > 被誉为"诗仙"。< br > 他的诗豪迈瑰丽，诗里有突破现实的幻想。< br > 也有对当时民生疾苦的反映和对政治黑暗的抨击。< br > 他的散文具有清新明朗，< br > 奔放流畅的特点。</p > </font >

②在浏览器中输入网址"http：//localhost/6 – 2 – 6b. htm"，查看网页的运行效果。。

③点击网页上部的"李白"，观察网页的跳转情况以及浏览器地址栏的地址变化情况。

（3）在站点内部建立链接

①在图 6 – 18 所示的界面中第 11 和第 12 行间，也即 < body > 和 </body > 间输入以下内容，并以 6 – 2 – 6. htm 为文件名保存。

< h1 > 网站内部资源列表 </h1 >

< hr color = "#FF0000" >

1. 网页主要参数的设置 < br >

2. 换行标签 < br >

3. 段落标签 < br >

4. 居中对齐标签 < br >

5. 标题文字标签 < br >

6. 网站内部的书签链接 < br >

7. 网站内部不同页面之间的书签链接 < br >

②按照表 6 – 3 所示的要求，完成各个页面的链接。

**表 6 – 3　网页内部链接设置**

| 当前页面 | 被链接页面 | 超链接代码 |
|---|---|---|
| 6 – 2 – 6. htm | 6 – 2 – 1. htm | < a href = "6 – 2 – 1. htm" target = "_blank" > 网页主要参数的设置 </a> |
| 6 – 2 – 6. htm | 6 – 2 – 2. htm | < a href = "6 – 2 – 2. htm" target = "_self" > 换行标签 </a> |
| 6 – 2 – 6. htm | 6 – 2 – 3. htm | < a href = "6 – 2 – 3. htm" > 段落标签 </a> |
| 6 – 2 – 6. htm | 6 – 2 – 4. htm | < a href = "6 – 2 – 4. htm" target = "_parent" > 居中对齐标签 </a> |
| 6 – 2 – 6. htm | 6 – 2 – 5. htm | < a href = "6 – 2 – 5. htm" target = "_top" > 标题文字标签 </a> |
| 6 – 2 – 6. htm | 6 – 2 – 6a. htm | < a href = "6 – 2 – 6a. htm" target = "_blank" > 网站内部的书签链接 </a> |
| 6 – 2 – 6. htm | 6 – 2 – 6b. htm | < a href = "6 – 2 – 6b. htm" target = "_blank" > 网站内部不同页面之间的书签链接 </a> |

③添加代码后的 HTML 代码如图 6 – 21 所示。

```
1   <!DOCTYPE html PUBLIC "-//W3C//DTD XHTML 1.0 Transitional//EN"
    "http://www.w3.org/TR/xhtml1/DTD/xhtml1-transitional.dtd">
2   <html xmlns="http://www.w3.org/1999/xhtml">
3   <head>
4   <meta http-equiv="Content-Type" content="text/html; charset=utf-8" />
5   <meta name="author" content="yourname">
6   <meta name="keywords" content="网页设计">
7   <meta name="description" content="本网页是我开发的第一个网页">
8   <title>内部资源列表</title>
9   </head>
10  <body>
11  <h1>网站内部资源列表</h1>
12  <hr color="#FF0000">
13  1. <a href="6-2-1.htm" target="_blank">网页主要参数的设置</a><br>
14  2. <a href="6-2-2.htm" target="_self">换行标签</a><br>
15  3. <a href="6-2-3.htm">段落标签</a><br>
16  4. <a href="6-2-4.htm" target="_parent">居中对齐标签</a><br>
17  5. <a href="6-2-5.htm" target="_top">标题文字标签</a><br>
18  6. <a href="6-2-6a.htm" target="_blank">网站内部的书签链接</a><br>
19  7. <a href="6-2-6b.htm" target="_blank">网站内部不同页面之间的书签链接</a><br>
20  </body>
21  </html>
```

**图 6 – 21　添加链接代码后**

④在浏览器中输入网址"http：//localhost/6 – 2 – 6. htm"，查看网页的运行效果，并注意观察几种链接的打开方式有什么区别。

**注意**：target 属性指明了目标页面的打开方式，它们的含义如下。

_blank：单击文本链接后，目标端点页面会在一个新窗口中打开。

_parent：单击文本链接后，在上一级浏览器窗口中显示目标端点页面，这种情况在框架页面中比较常见。

_self：Dreamweaver 的默认设置，单击文本链接后，在当前浏览器窗口中显示目标端点页面。

_top：单击文本链接后，在最顶层的浏览器窗口中显示目标端点页面。

（4）外部链接

在网页中链接本网站以外的链接称之为外部链接，常见的外部链接种类如表 6 - 4 所示。

表 6 - 4　外部链接的种类

| 服务 | URL 格式 | 描述 |
|------|----------|------|
| WWW | http：//"地址" | 进入万维网站点 |
| Ftp | ftp：//"地址" | 进入文件传输 ftb 服务器 |
| Telnet | telnet：//"地址" | 启动 Telnet 方式 |
| Gopher | gopher：//"地址" | 访问一个 gopher 服务器 |
| News | news：//"地址" | 启动新闻讨论组 |
| Email | email：//"地址" | 启动邮件 |

①添加 WWW 链接。在如图 6 - 21 所示的第 19 行代码后增加如下代码。

< br > < br >

< hr color = "#FF0000" >

< h3 >友情链接 </h3 >

< a href = "http：//www. baidu. com" target = "_blank" >百度 </a > < br >

< a href = "http：//www. sina. com. cn" target = "_blank" > 新浪网 </a > < br >

< a href = "http：//www. taobao. com" target = "_blank" >淘宝网 </a > < br >

< a href = "http：//www. csdn. net" target = "_blank" > CSDN </a > < br >

在浏览器中输入网址"http：//localhost/6 - 2 - 6. htm"，再次打开网页，查看网页的运行效果。

②添加 E - mail 链接。在 6 - 2 - 6. htm 的底部增加如下代码。

< br > < hr >

< a href = "mailto：hutjsj@ 163. com：subject = 测试邮件" >给管理员发送 EMAIL </a >

再次通过浏览器浏览 6 - 2 - 6. htm，点击链接"给管理员发送 EMAIL"，观察发生的现象。

**注意：** E - mail 链接中相关属性如表 6 - 5 所示，设置的格式如下：

< a href = "mailto：E - mail 地址：subject = 邮件主题" >描述文字 </a >

表 6 - 5　E - mail 链接中相关属性

| 属性 | 描述 |
|------|------|
| subject | 电子邮件主题 |
| cc | 抄送收件人 |
| body | 主题内容 |
| bcc | 暗送收件人 |

③添加 FTP 链接。在 6 - 2 - 6. htm 的底部友情链接中增加代码，代码的格式如下：

< a href = "ftp：//ftp. pku. edu. cn" >北京大学 ftp 站点 </a >

在浏览器中再次打开 6 - 2 - 6. htm，查看其运行效果。

### 6. 在网页中插入多媒体元素

（1）在网页中使用图像

假设在网站文件夹中已经事先建立好了 images 文件夹，并且已经准备好了各种图片。在以下的实验中将用到图片 6 - 1. jpg、logo. jpg。

①插入图片。在网页添加网站的 logo 图片，使用代码如下：

< IMG src = "images/logo. jpg" >

保存为 6 - 2 - 7. htm，预览网页的效果。

②设定上下左右空白位置。将①中的代码修改如下：

< IMG src = "images/logo. jpg" align = "center" hspace = "5" vspace = "5" >

再次浏览网页，观察图片的变化。

③设定图片的对齐方式。图片的对齐方式有相对于文字基准线为靠上对齐的多行文字、相对于文字基准线为靠上的多行文字对齐、相对于文字基准线为顶部单行对齐、相对于文字基准线为底线单行对齐、相对于文字基准线为置中单行对齐等。将网页 6 - 2 - 7. htm 的代码修改如下：

1　<！DOCTYPE html PUBLIC " - //W3C//DTD XHTML 1.0 Transitional//EN" "http：//www. w3. org/TR/xhtml1/DTD/xhtml1 - transitional. dtd" >

2　< html xmlns = "http：//www. w3. org/1999/xhtml" >

3　< head >

4　< meta http - equiv = "Content - Type" content = "text/html；charset = utf - 8" / >

5　< meta name = "author" content = "yourname" >

6　< meta name = "keywords" content = "网页设计" >

7　< meta name = "description" content = "本网页是我开发的图片应用的网页" >

8　< title >网页中使用图像 </title >

9　</head >

10　< body >

11　< CENTER >

12　< IMG src = "images/logo. jpg" align = "center" hspace = "5" vspace = "5" >

13　< H2 >爱在深秋 </H2 >

14　</CENTER >

15　< hr color = "#336699" >

16　< img src = "images/6 - 1. jpg" align = "left" >

17　此图像相对于文字基准线为靠上对齐的多行文字 < br >

18　试想在圆月朦胧之夜，海棠是这样的妩媚而嫣润；枝头的好鸟为什么却双栖而各梦呢？在这夜深人静的当儿，那高踞着的一只八哥儿，又为何尽撑着眼皮儿不肯睡去呢？他到底等什么来着？舍不得那淡淡的月儿么？舍不得那疏疏的帘儿么？不，不，不，您得到帘下去找，您得向帘中去找——您该找着那卷帘人了？他的情韵风怀，原是这样这样的哟！朦胧的岂独月呢；岂独鸟呢？但是，咫尺天涯，教我如何耐得？ < br >我揿着千呼万唤；你能够出来么？

19　< br >这页画布局那样经济，设色那样柔活，故精彩足以动人。虽是区区尺幅，而情韵之厚，已足沦肌浃髓而有余。我看了这画，瞿然而惊；留恋之怀，不能自己。故将所感受的印象细细写出，以志这一段因缘。但我于中西的画都是门外汉，所说的话不免为内行所笑。——那也只好由他了。

20　<p> <hr color = "#336699">

21　<img src = "images/6 – 1. jpg" align = "right">

22　此图像相对于文字基准线为靠上的多行文字对齐 <br>

23　试想在圆月朦胧之夜，海棠是这样的妩媚而嫣润；枝头的好鸟为什么却双栖而各梦呢？在这夜深人静的当儿，那高踞着的一只八哥儿，又为何尽撑着眼皮儿不肯睡去呢？他到底等什么来着？舍不得那淡淡的月儿么？舍不得那疏疏的帘儿么？不，不，不，您得到帘下去找，您得向帘中去找——您该找着那卷帘人了？他的情韵风怀，原是这样这样的哟！朦胧的岂独月呢；岂独鸟呢？但是，咫尺天涯，教我如何耐得？<br>我拚着千呼万唤；你能够出来么？

24　<br>这页画布局那样经济，设色那样柔活，故精彩足以动人。虽是区区尺幅，而情韵之厚，已足沦肌浃髓而有余。我看了这画，矍然而惊；留恋之怀，不能自已。故将所感受的印象细细写出，以志这一段因缘。但我于中西的画都是门外汉，所说的话不免为内行所笑。——那也只好由他了。

25　<p> <hr color = "#336699">

26　<img src = "images/6 – 1. jpg" align = "top">

27　此图像相对于文字基准线为顶部单行对齐 <p>

28　<hr color = "#336699">

29　<img src = "images/6 – 1. jpg" align = bottom>

30　此图像相对于文字基准线为底线单行对齐 </p>

31　<p> <hr color = "#336699"> <p>

32　<img src = "images/6 – 1. jpg" align = "middle">

33　此图像相对于文字基准线为置中单行对齐 </p>

34　</body>

35　</html>

再次通过浏览器浏览 6 – 2 – 7. htm，会观察到如图 6 – 22 所示的网页效果。

④图像大小的设定。图像的大小通过 IMG 标签的 width 和 height 属性来设置，单位可以是像素或百分比。

比如对上述网页代码的第 12 行进行修改就可以缩小或放大图像，logo. jpg 默认大小为 $1024 * 215$。

缩小图像的代码为：

<IMG src = "images/logo. jpg" align = "center" hspace = "5" vspace = "5" width = "960" height = "100">

放大图像的代码为：

<IMG src = "images/logo. jpg" align = "center" hspace = "5" vspace = "5" width = "1280" height = "280">

⑤设定图像的超链接。图像的超链接设定如同前面讲过的文本链接设定，具体的代码如下：

<hr>

<h3>友情链接 </h3>

<a href = "http：//www. sohu. com/" target = "_blank"> <img alt = "搜狐网站" src = "images/sohu. jpg"> </a>

<a href = "http：//www. baidu. com/"> <img alt = "百度搜索" src = "images/baidu. jpg"> </a>

<a href = "http：//www. sina. com. cn"> <img alt = "新浪网站" src = "images/sina. jpg"> </a>

<a href = "http：//www. taobao. com"> <img alt = "淘宝网站" src = "images/taobao. jpg"> </a>

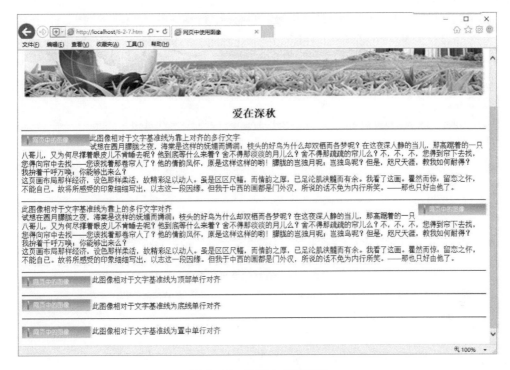

图 6 – 22　网页中应用图像

（2）在网页中插入音频文件

①如图 6 – 23 所示，使用 embed 标签在网页中插入音频文件。

②将文件保存为 6 – 2 – 8a. htm，在浏览器中查看网页的运行效果。

```
1   <!DOCTYPE html PUBLIC "-//W3C//DTD XHTML 1.0 Transitional//EN"
    "http://www.w3.org/TR/xhtml1/DTD/xhtml1-transitional.dtd">
2   <html xmlns="http://www.w3.org/1999/xhtml">
3   <head>
4   <meta http-equiv="Content-Type" content="text/html; charset=utf-8" />
5   <meta name="author" content="yourname">
6   <meta name="keywords" content="网页设计">
7   <meta name="description" content="本网页是我开发多媒体应用的网页">
8   <title>网页中使用图像</title>
9   </head>
10  <body>
11  <CENTER>
12    <embed src="music/Super Star.MP3" width="32" height="32"></embed>
13  </CENTER>
14  </html>
```

图 6 – 23　在网页中插入音频文件

（3）在网页中插入视频文件

①插入视频文件的方法与插入音频文件的方法大致相同，只需要把图 6 – 23 中的代码第

12 行作相应修改即可。

&lt; embed src = "media/shouxihu. wmv" width = "32" height = "32" &gt; &lt;/embed&gt;

②将文件保存为 6 – 2 – 8b. htm，在浏览器中查看网页的运行效果。

（4）插入 Flash 动画

①flash 文件的基本格式是 * . swf，插入方法同上，只需要把图 6 – 23 中的代码第 12 行作相应修改即可。

&lt; embed src = "media/fengjing. swf" width = "560" height = "359" &gt; &lt;/embed&gt;

②将文件保存为 6 – 2 – 8c. htm，在浏览器中查看网页的运行效果。

需要说明的是，在预览含有 Flash 的网页时，浏览器通常会有如图 6 – 24 所示的提示，只有选择"允许阻止的内容"，才能查看到 Flash 的运行效果。

图 6 – 24　浏览器提示信息

### 6.2.4　课后思考与练习

（1）叙述在网页中插入列表、日期、水平线的方法。

（2）如何利用 HTML 实现网页中的图文混排？

（3）HTML 语言与其他程序设计语言有什么区别？

（4）文本分行和分段落的区别是怎样的？

（5）如何在网页中插入特殊符号？

# 6.3　Dreamweaver 的基本操作

### 6.3.1　实验目的

（1）认识并熟悉 Dreamweaver 的工作界面。

（2）掌握 Dreamweaver 中站点的设置方法。

（3）掌握使用 Dreamweaver 进行简单的网页设计。

（4）掌握 Dreamweaver 的基本操作及网页的发布方法。

（5）掌握常见超链接的基本概念和设置方法。

### 6.3.2　实验环境

（1）微型计算机。

（2）Windows 操作系统。

（3）Dreamweaver CS6。

### 6.3.3　实验内容和步骤

#### 1.站点的建立与管理

经过前面的实验,我们已经知道如何建立 WEB 服务器和利用 HTML 制作简单的网页,并能够通过浏览器查看到网页的效果。

作为专业化的网页设计工具——Dreamweaver 包含一个站点管理器,利用站点管理器能够方便地管理本地的网页文件,同时能够直接与 WEB 服务器建立联系,在设计网页的同时能够直接通过 Dreamweaver 查看网页效果,并且可以选择将网页上传至远端的服务器。

(1)站点的建立

①打开 Dreamweaver CS6,选择菜单栏中的"站点"|"新建站点",弹出如图 6 – 25 所示的对话框。

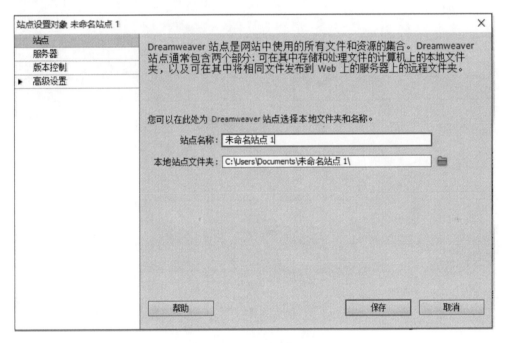

**图 6 – 25　"新建站点"对话框**

②Dreamweaver CS6 在站点配置窗口上已经做了归类,如图 6 – 25 所示的"站点设置对象"对话框中,总体分成四种——站点、服务器、版本控制、高级设置。对普通用户而言只需要配置站点、服务器即可,版本控制和高级设置选择默认即可,无需进行配置。

③站点配置方法:输入站点名称,站点名称可以自定义,这里写"MYWEB";本地站点文件夹选择自己的工作文件夹(将要存储放置 WEB 文件的文件夹),这里选择 E:\web,如图 6 – 26所示。

**注意:**因还要进行服务器配置,先不要点"保存"。

④在图 6 – 26 所示的界面中,点击"服务器",开始设置服务器信息。Dreamweaver CS6 跟早期的 Dreamweaver 版本相比,把远程服务器和测试服务器配置项目都纳入服务器配置项目,

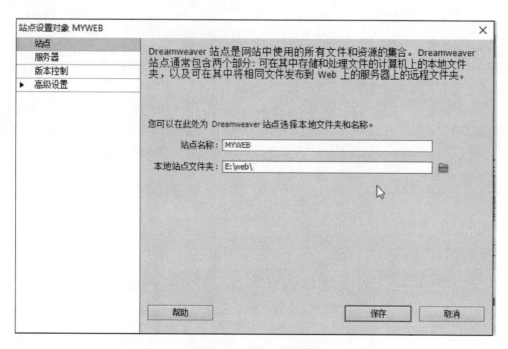

图 6 – 26　站点配置界面

点击图 6 – 27 中的"＋"号增加一个服务器配置。

图 6 – 27　服务器配置界面

**注意**：这个服务器配置只是个可选配置，如果你不需要本地测试或编辑直接上传到 WEB 服务器，可以忽略这一步配置。

⑤在服务器基本设置中，如图 6 – 28 所示，服务器名称可以随意输入，连接方法选择的是"本地/网络"，服务器文件夹定位到测试目录即可。

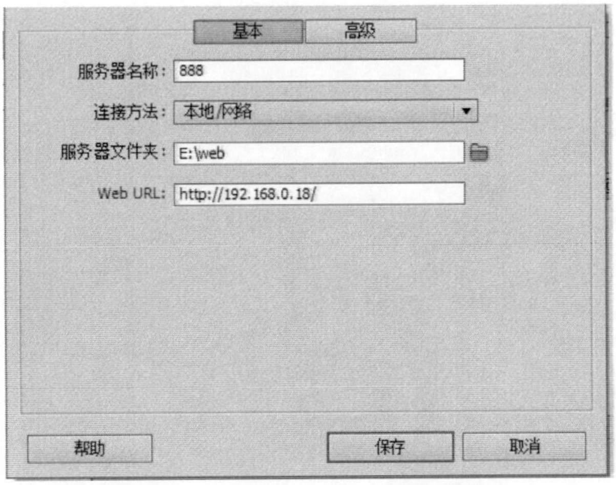

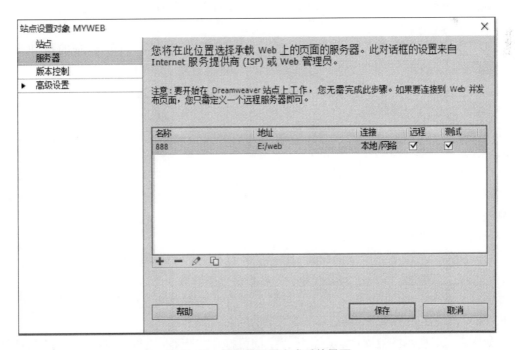

**图 6 – 28　服务器基本配置（本地网络方式）**

⑥在图 6 – 28 中的 WEB URL 栏目输入你本机的 IP，即 http：//（IP 地址），设置完成后点击"保存"，进入如图 6 – 29 所示的界面。

**图 6 – 29　服务器设置完成后的界面**

WEB URL 的地址也即 WEB 服务器的访问地址。

⑦在图 6-29 所示的服务器模型列表中已经有了最新的配置，默认勾选的是远程，这里同时也勾选测试。

⑧在图 6-29 所示的界面中，选择"保存"，即完成配置，站点建立完毕，Dreamweaver 右下角将显示网站文件夹中的相关资源，如图 6-30 所示。

图 6-30　站点资源显示界面

（2）站点管理

①选择菜单栏中的"站点"|"管理站点"，即可看到如图 6-31 所示的"管理站点"对话框。

②如果需要对已经建立的站点进行管理，只需要点击左下角的相应的按钮即可。分别表示"删除站点""编辑站点""复制站点""导出站点"。

③编辑完成，点击"完成"按钮，Dreamweaver CS6 会自动刷新当前站点缓存。

（3）规划 WEB 站点结构

在 Dreamweaver 站点管理时，需在网站文件夹中建立一系列的文件夹，比如：images、Sound、Media 等。

建立文件和文件夹的方法如下：在 Dreamweaver 工作界面右下角站点资源显示界面上点右键，即可看到"新建文件"或"新建文件夹"对话框，选择新建即可。采用此方式新建的文件或文件夹将自动保存在网站文件夹下面。

（4）网站文件的测试与发布

①测试文件。经过上述步骤的设置，站点管理已经与 WEB 服务器进行了关联，需要测试网页时，直接点击"F12"键或预览按钮，即可测试并查看网页效果。

②网页的发布。利用 Dreamweaver 发布网页的前提是本地站点已经与远程的站点（或者是网页空间）已经建立了联系，即已经设置了 FTP 相关参数。

在如图 6-30 所示的界面中，点击"　"，即可打开"显示本地与远程站点文件"对话框，如图 6-32 所示；如想返回图 6-30 所示的界面，则再次点击"　"即可。

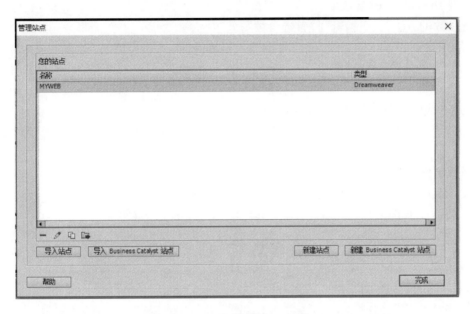

**图 6 – 31　"管理站点"对话框**

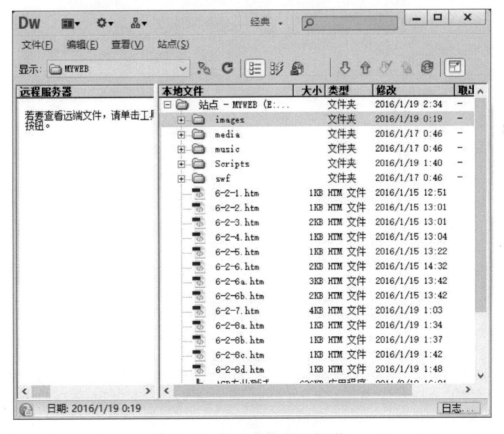

**图 6 – 32　显示本地和远程站点文件**

### 2. 设置 Dreamweaver 参数

设置参数的方法为："编辑"|"首选参数"。

（1）利用站点管理新建文件，在文件上输入任意内容，并按空格键，看是否有效果。

（2）在"首选参数"中选"常规"，勾选"允许多个连续的空格"，再次输入空格，看是否有效果。

（3）进入代码视图，查看代码文字的大小。

（4）在"首选参数"中选"字体"，更改代码字体的大小为 22 磅，再次查看代码文字的大小。

### 3. 网页制作示例

完成如图 6-33 所示的网页制作。

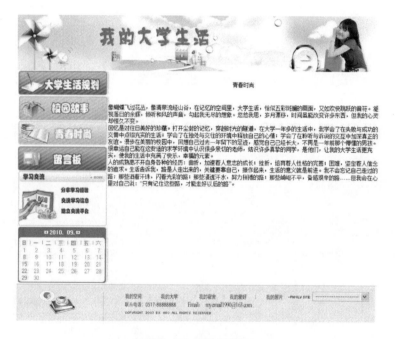

**图 6-33　网页样图**

（1）新建网页

①执行"文件"菜单中"新建"功能，在新建文档窗口中选择"空白页"，页面类型为"HTML"，单击"创建"按钮，完成空白网页的创建。

②在新建的网页编辑窗口空白处单击右键，或者直接在工作区下方的"属性"上选择"页面属性"功能，在"大小"下拉列表框中选择 12，并设置页面边距为 0，显示如图 6-34 所示。设置完成后，点击"确定"，即可完成"页面属性"的设置。

（2）选择"插入"|"表格"菜单，弹出"表格"对话框，在"行数"文本框中输入 3，在"列数"文本框中输入 1，在"表格宽度"文本框中输入 800，在其后的下拉列表框中选择"像素"选项，并设置其他属性为 0，如图 6-35 所示。

（3）选择插入的表格，单击鼠标右键，在弹出的快捷菜单中选择"对齐"|"居中对齐"命

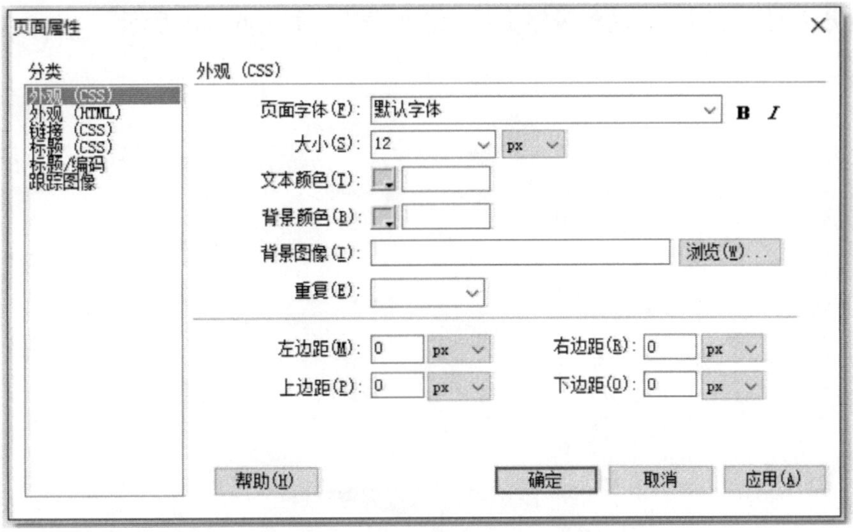

图 6 – 34 "页面属性"设置界面

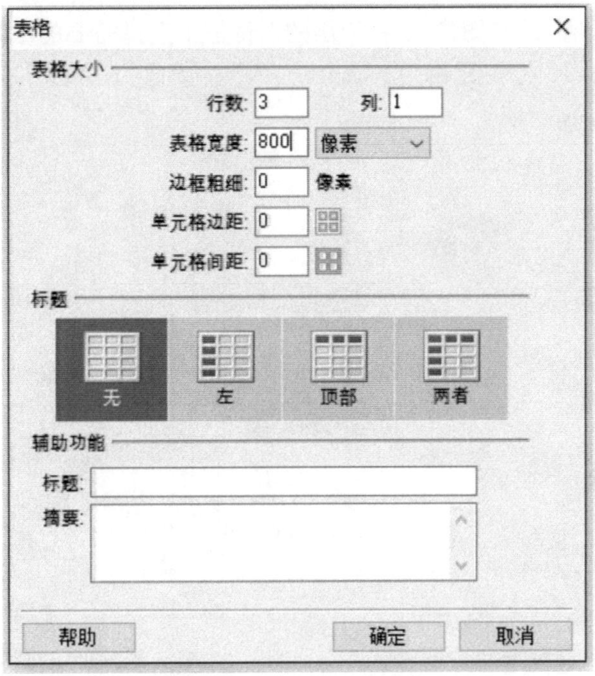

图 6 – 35 插入表格

令，将插入的表格居中对齐。

(4)为了便于查看插入的表格，可这样操作：选择插入的表格，将鼠标移动到表格的下方，当鼠标光标变为 ⇵ 形时按住鼠标左键不放，将其向下拖动调整表格的显示高度。

（5）选择插入表格第2行的单元格，在"属性"面板中单击"拆分单元格为行或列"按钮，把单元格拆分2列，使用鼠标调整表格中单元格的位置，如图6-36所示。

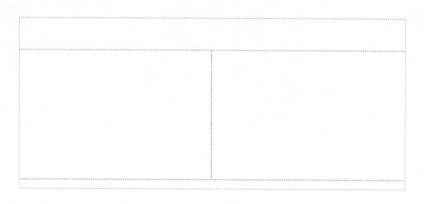

**图6-36　表格调整**

（6）将鼠标定位到第1行单元格中，单击"插入"|"图像"，在弹出的对话框中选择需要的图像。

（7）将鼠标定位到第2行第1列单元格中，在属性栏设置"水平"为"居中对齐"，"垂直"为"顶端对齐"。单击"插入"|"图像"，在弹出的对话框中选择需要的图像。

（8）将鼠标定位到第3行单元格中，单击"插入"|"图像"，在弹出的对话框中选择需要的图像，如图6-37所示。

**图6-37　插入图像**

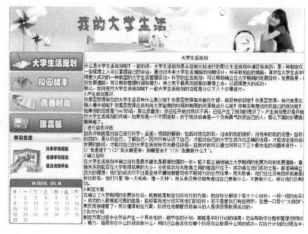

**图6-38　输入文字**

（9）将表格第2行第2列单元格拆分为2行，并在第1行内输入"大学生活规划"，设置单元格"水平"属性为居中对齐。

（10）将本实验素材文件夹内"大学生活规划"的内容复制到第3行第2列单元格内，如图6-38所示。

（11）将鼠标定位到第一段文字末尾，选择"插入"｜"HTML"｜"水平线"命令，在输入文本的下方插入水平线，如图 6–39 所示。

图 6–39　插入水平线

（12）用鼠标选中新插入的水平线，在"属性"面板中单击 ✐ 按钮，在弹出的"编辑标签"栏中输入"< hr align = "center"  noshade = "noshade"  color = "#f60000"  / >"，将水平线的颜色设置为"红色"。

（13）点击"实时视图"观看效果，如图 6–40 所示。

（14）点击属性面板上"矩形热点工具"，如图 6–41 所示，在图片上"我的大学"文字上划出矩形方框，如图 6–42 所示。

（15）在"热点"属性内，输入链接地址"http：//www. hut. edu. cn"，如图 6–43 所示。

（16）选择"文件"｜"保存"命令，把制作的网页保存为 index. html。按"F12"键预览网页，点击"我的大学"观看链接效果。

（17）用同样的方法制作"校园故事"页面 xygs. html、"青春时尚"页面 qcss. html，分别如图 6–44、图 6–45 所示。

（18）选择 index. html 网页，点击左侧导航栏"校园故事"图片，在属性面板中点击"链接"右侧文件夹按钮，并在弹出窗口中选择 xygs. html。点击"青春时尚"图片，在属性面板中点击"链接"右侧文件夹按钮，并在弹出窗口中选择 qcss. html。

（19）用同样的方法，在 xygs. html 和 qcss. html 页面设置左侧导航栏图片的超链接。

（20）按"F12"键预览网页，点击左侧导航图片，观看链接的效果。

### 6.3.4　课后思考与练习

（1）在设置网页背景图像时，如果图像太小，铺不满整个网页，怎么办？

（2）在编辑字体列表时如果同时选择了隶书、楷体、华文彩云，也就是在字体列表中出

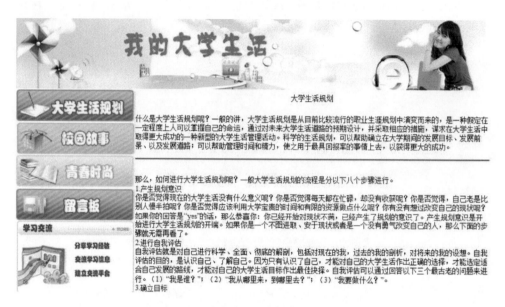

图 6 – 40　实时效果

图 6 – 41　矩形热点工具

图 6 – 42　划出热点区域

图 6 – 43　热区链接制作

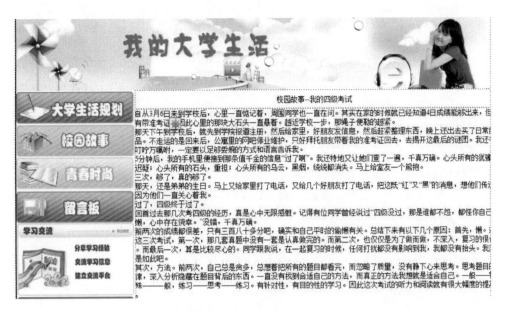

**图 6 – 44　校园故事页面**

**图 6 – 45　青春时尚页面**

现"隶书，楷体，华文彩云"，则文本最终会以哪种字体出现？

（3）大家经常在网页上会看到文字"加入收藏"，请问如何实现单击"加入收藏"可以将该网页加入到浏览器的收藏夹中？

# 6.4 Dreamweaver 中网页的布局

## 6.4.1 实验目的

(1)掌握表格的创建、结构调整与美化。

(2)熟悉表格与单元格的主要属性及其设置。

(3)了解网页设计常用的几种版式。

(4)掌握绘制及编辑布局表格和布局单元格。

(5)掌握"层"的绘制、选择、移动和对齐;掌握"层"的属性面板的设置。

## 6.4.2 实验环境

(1)微型计算机。

(2)Windows 操作系统。

(3)Dreamweaver CS6。

## 6.4.3 实验内容和步骤

1. 制作如图 6 - 46 所示的表格

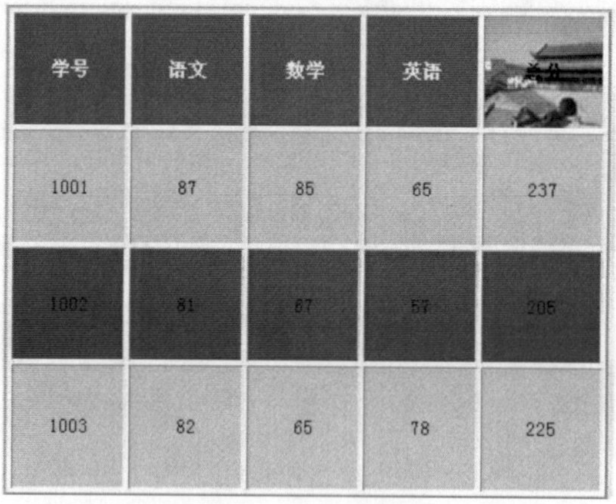

学生成绩表

| 学号 | 语文 | 数学 | 英语 | |
|------|------|------|------|------|
| 1001 | 87 | 85 | 65 | 237 |
| 1002 | 81 | 87 | 57 | 205 |
| 1003 | 82 | 65 | 78 | 225 |

图 6 - 46 学生成绩样表

参考步骤:

(1)在 Dreamweaver 中新建一个文档。

(2)将插入点置于需要插入表格的位置。如果文档是空白的,则只能将插入点放置在文档的开头。执行下列操作之一可打开"表格"对话框,如图 6 - 47 所示。

①选择"插入"|"表格"菜单命令。

②在"插入栏"的"常用"选项卡中单击"表格"按钮。

③按"Ctrl + Alt + T"组合键。

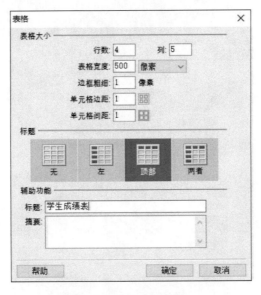

**图 6 – 47　"表格"对话框**

(3)在表格大小中输入如下数据——行：4 列：5，表格宽度：500 像素，边框粗细：1 像素，单元格边距：1 像素，单元格间距：1 像素。

(4)页眉选择第 3 个——顶部。

(5)在辅助功能中输入——标题：学生成绩表。

(6)在表格的第 1 行输入如下数据：学号、语文、数学、英语、总分。

(7)在表格的第 2 行输入如下数据：1001、87、85、65、237。

(8)在表格的第 3 行输入如下数据：1002、81、67、57、205。

(9)在表格的第 4 行输入如下数据：1003、82、65、78、225。

(10)选择表格第 1 行，在"属性"面板上设置背景颜色为：#6600CC；分别选择表格第 2 行和第 4 行，将背景颜色设置为：#FFCC00；选择表格第 3 行，将背景颜色设置为：#CC0033。

(11)选中表格的每一列，将其宽度设为 100 像素，高 100 像素，水平：居中，垂直：居中。

(12)将光标定位到第 1 行的第 5 个单元格，打开"属性面板"，选择"CSS"选项卡，点击"编辑规则"，新建一个 CSS 规则".td5"，将单元格背景设为"b1.jpg"。

(13)通过 CSS 面板新建 CSS 规则".b1"，设置边框颜色为"红色(#FF0000)"。选择整个表格，打开"属性面板"，在"类"中选择".b1"，将表格边框颜色改为"红色"。

(14)选择整个表格，然后选择"命令"|"排序表格"菜单命令，弹出"排序表格"对话框。在对话框中进行如下设置：排序按"列 5"，顺序："按数字排序""降序"，单击"确定"按钮。

(15)按"Ctrl + S"组合键保存该网页。

(16)按"F12"键预览。

**2. 利用布局表格制作如图 6 – 48 所示的网页**

图 6 - 48　网页样图

由图 6 - 48 可知，该网页的结构属于拐角型，先画出该网页的版式结构，如图 6 - 49 所示。

| LOGO | BANNER | |
|---|---|---|
| 导航菜单 | | |
| 导航 | 网页内容 | 网页内容 |
| 版权信息 | | |

图 6 - 49　网页版式结构图

由图 6 - 49 我们可以知道在进行该网页布局时，先要布最外面的表格，然后布最上端的表格，用来放置 LOGO 和 BANNER；然后再布一个单元格放置导航菜单，接着下面布三个并排的表格，分别放置左边的导航、中间的网页内容、右边的网页内容、最下面再布一个单元格，放置版权信息。

### 6.4.4　课后思考与练习

（1）怎样使得表格在不同尺寸浏览器、不同分辨率下都能达到铺满整个浏览器窗口的效果呢？

（2）预览网页时，页脚区（版权信息）与上面的主体区不能很好地结合起来，中间会有空隙，怎么解决这个问题呢？

（3）利用层布局制作如图 6 – 50 所示的网页。

**图 6 – 50　层布局网页样图**

# 6.5　CSS 样式表的设置

### 6.5.1　实验目的

（1）掌握 CSS 的基本语法。
（2）掌握 CSS 的选择器和引入方法。
（3）掌握用 CSS 设置字体、文本、背景、链接、列表的样式。
（4）了解 CSS 盒子模型。

### 6.5.2　实验环境

（1）微型计算机。
（2）Windows 操作系统。
（3）Dreamweaver CS6。

### 6.5.3　实验内容和步骤

利用 Dreamweaver 图形化界面设置网页中的元素的 CSS 样式。
（1）Dreamweaver CS6 中新建一个空白页，点击"设计"视图打开设计界面，如图 6 – 51

所示。

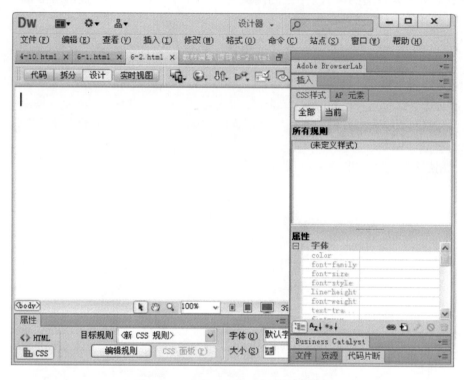

**图6-51    新建空白页,打开设计界面**

(2)在页面中输入下面的文字,如图6-52所示。

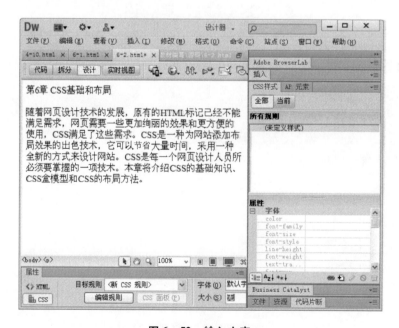

**图6-52    输入文字**

(3)在菜单栏中选择"窗口"|"CSS 样式"菜单，打开 CSS 控制面板，如图 6 – 53 所示。

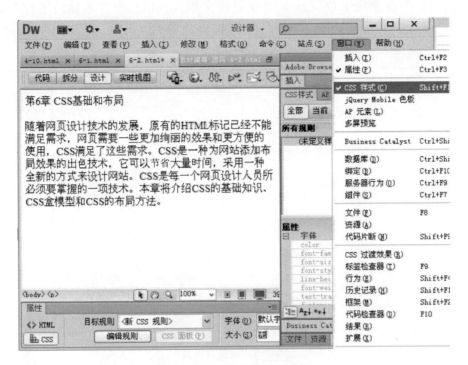

**图 6 – 53　打开 CSS 控制面板**

(4)在 CSS 控制面板上的右边单击▼小图标，在弹出的下拉菜单中选择"新建"选项，弹出"新建 CSS 规则"对话框，如图 6 – 54 所示。

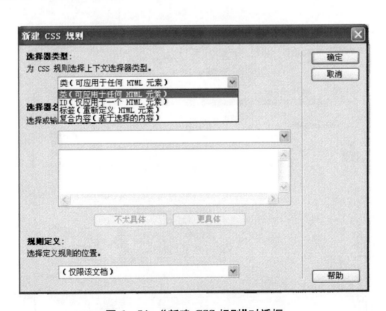

**图 6 – 54　"新建 CSS 规则"对话框**

（5）在图6-54所示的对话框中，有四种选择器可供选择，我们在此选择第一种：类选择器；在下面部分的规则定义位置选中"（仅限该文档）"，在选择器名称的下拉框中输入"title"，并回车，这时候我们定义了一个的类名为"title"的CSS规则，如图6-55所示。

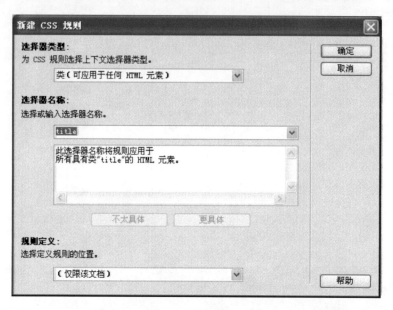

图6-55　设置title类

（6）单击"确定"按钮后，弹出一个对话框，如图6-56所示，选择"是"，然后会弹出". title的CSS规则定义"对话框，在左边"分类"里面选中"类型"选项，如图6-57所示。

（7）在类型中设置字体样式：我们设置字体大小为18像素，粗细设置为bold，字体设置为黑体，

图6-56　选择"是"

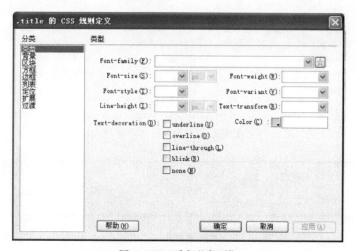

图6-57　选择"类型"

颜色设置为红色，如图 6 - 58 所示。

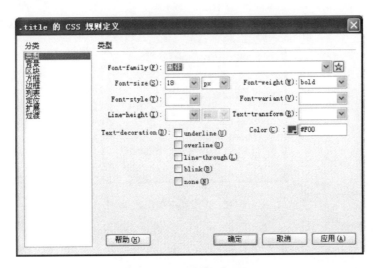

**图 6 - 58　设置字体的样式**

（8）单击"确定"按钮后返回设计界面。这个时候，我们需要把刚才定义的 .title 的样式应用到我们的文字中去。选中输入的"第 6 章 CSS 基础和布局"，然后单击下面部分的"属性"面板中的"CSS"面板，在"目标规则"下拉框中选中刚刚定义的 .title 样式，这样就把 .title 样式应用到选中的文字中去了，如图 6 - 59 所示。

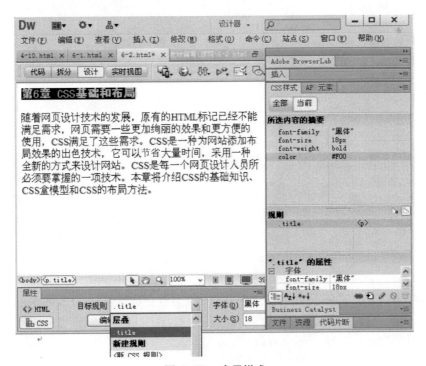

**图 6 - 59　应用样式**

（9）将刚做好的网页保存，按"F12"键在浏览器中查看效果，如图 6 - 60 所示。

**图 6 - 60 浏览器中显示效果**

如果需要修改样式，则可以点击下面面板上的"编辑规则"按钮，或者在右侧的"CSS 样式"规则属性中修改。

如果我们打开"代码"视图，则会看到刚才通过对话框的形式定义的 CSS 源代码，如图 6 -61所示。

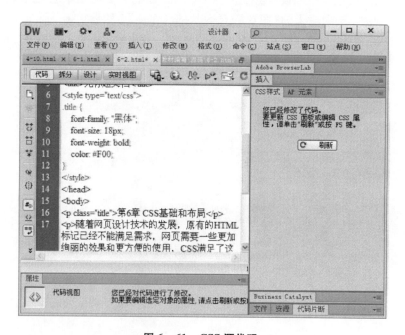

**图 6 -61 CSS 源代码**

其实，当我们掌握了 CSS 语法和基本属性后，直接在代码中编辑 CSS 将会更加快捷，也能实现更多高级的内容。

### 6.5.4　课后思考与练习

(1)与直接设置 HTML 属性控制样式相比,使用 CSS 有哪些优势?

(2)CSS 有哪些选择器? 试通过实例说明它们的优先级和相互作用原理。

(3)试了解 CSS 盒子模型。

(4)欲制作一个网页相册,试用 CSS 说明带边框、多行多列图片列表的实现方式。

# 6.6　网页中多媒体的使用

## 6.6.1　实验目的

(1)了解图像的基本格式及多媒体的种类。

(2)掌握图像在网页中的使用方法。

(3)掌握在网页中插入各种多媒体元素的方法。

(4)掌握在网页中设置页面背景音乐。

## 6.6.2　实验环境

(1)微型计算机。

(2)Windows 操作系统。

(3)Dreamweaver CS6。

## 6.6.3　实验内容和步骤

### 1.图像的使用

(1)插入图像

利用 Dreamweaver CS6 在网页中插入图像,通过以下操作来完成:

①单击菜单栏中的"插入"|"图像"命令或在"插入"栏的"常用"类别中,单击"图像"按钮。

②打开"选择图像源文件"对话框,如图 6-62 所示,选择需要的文件名称。

③在"相对于"下拉列表中选择"站点"。

④单击"确定"按钮,图像则插入到网页中。

(2)设置图像属性

在网页文件中插入了图像后,就可以对相关图像进行属性设置了。选中需要设置属性的图像,在"属性"窗口中就可以显示该图像的属性,并可对其进行修改。如图 6-63 所示。

①设置图像大小

设置图像大小可以直接在"宽"和"高"两个文本框内输入新的数值即可。还可以直接用鼠标拖动来改变图像的大小。具体操作为:

选中要改变的图像,图像四周出现控制点;拖动任一个控制点则可改变图像大小,如图 6-64 所示。

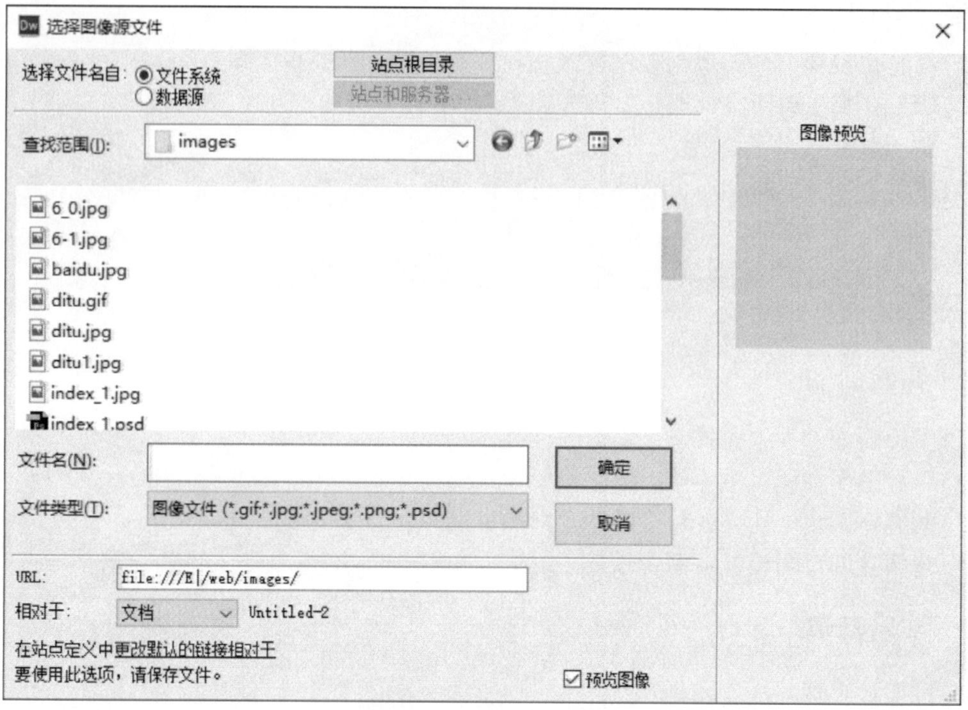

### 图 6 – 62　选择图像源文件

### 图 6 – 63　图像属性设置窗口

### 图 6 – 64　改变图像大小

②设置替换文本

替换文本指当鼠标指针放在图像上时，有时会出现一些提示文本。在网页中插入图像后，选中图像，在"属性"面板的"替换"文本框中添加替换文本内容。

**2. Flash 动画的使用**

（1）插入 Flash 动画

要在网页文档中插入 Flash 动画，首先将光标移至所需插入 Flash 动画的位置，通过选择"插入"｜"媒体"｜"SWF"命令，打开"选择文件"对话框，选择所需插入的 Flash 动画，单击"确定"按钮，即可插入到网页文档中。

（2）设置 Flash 动画属性

选中插入到网页中的 Flash 动画后，通过"属性"面板，即可设置 Flash 动画的相关属性，如图 6 - 65 所示。

**图 6 - 65　设置 Flash 动画属性**

（3）如果要预览网页文档中插入的所有 SWF 文件，可以按下 Ctrl + Alt + Shift + P 组合键，即可设置所有 SWF 文件都播放。

**3. 插入 FLV 视频**

FLV 是 Flash 视频文件。在文档中插入的 FLV 文件是以 SWF 组件显示的，当在浏览器中查看时，该组件显示所选的 FLV 文件以及一组播放控件。

（1）视频类型

在网页中要插入 FLV 视频，将光标移至要插入 FLV 文件的位置，通过选择"插入"｜"媒体"｜"FLV"命令，打开"插入 FLV"对话框。在"视频类型"下拉列表中可以选择累进式下载视频和流视频两种视频类型。

①累进式下载视频：将 FLV 文件下载到站点访问者的硬盘上，然后进行播放。但是，与传统的下载并播放视频传送方法不同，累进式下载允许在下载完成之前就开始播放视频文件。

②流视频：对视频内容进行流式处理，并在一段可确保流畅播放的很短的缓冲时间后在网页上播放该内容。

**注意**：要播放 FLV 文件，必须安装 Flash Player 8 或更高版本播放器。如果没有安装所需的 Flash Player 版本，但安装了 Flash Player 6.0 或更高版本，则浏览器将显示 Flash Player 快速安装程序，而非替代内容。如果拒绝快速安装，则页面会显示替代内容。

（2）插入累进式下载视频

在"插入 FLV"对话框中选择"累进式下载视频"类型，打开该类型对话框，如图 6 - 66 所示。

在该对话框中的主要参数选项的具体作用如下：

- URL：指定 FLV 文件的相对路径或绝对路径。
- "外观"：指定视频组件的外观。

图 6 –66　设置累进式下载视频

● "宽度"：设置 FLV 文件的宽度。可以单击"检测大小"按钮，让系统自动确定 FLV 文件的准确宽度。

● "高度"：设置 FLV 文件的高度。同样可以单击"检测大小"按钮，让系统自动确定 FLV 文件的准确高度。

● "限制高宽比"：选中该复选框，可以保持视频组件的宽度和高度之间的比例不变。默认情况下该复选框为选中状态。

● "自动播放"：选中该复选框，可以设置在网页文档打开时是否播放视频。

● "自动重新播放"：选中该复选框，可以设置播放控件在视频播放完之后是否返回起始位置。

（3）插入流视频

在"插入 FLV"对话框中选择"流视频"类型，打开该类型对话框。如图 6 –67 所示。

在流视频类型对话框中的一些参数选项与作用与累进式下载视频类型相同。关于该对话框中的其他主要参数选项的具体作用如下：

● "服务器 URI"：指定的服务器名称、应用程序名称和实例名称。

● "流名称"：在文本框中输入要播放的 FLV 文件的名称。

● "实时视频输入"：可以设置视频内容是否是实时的。选中该复选框，Flash Player 将播放从 Flash Media Server 流入的实时视频流。实时视频输入的名称是在"流名称"文本框中

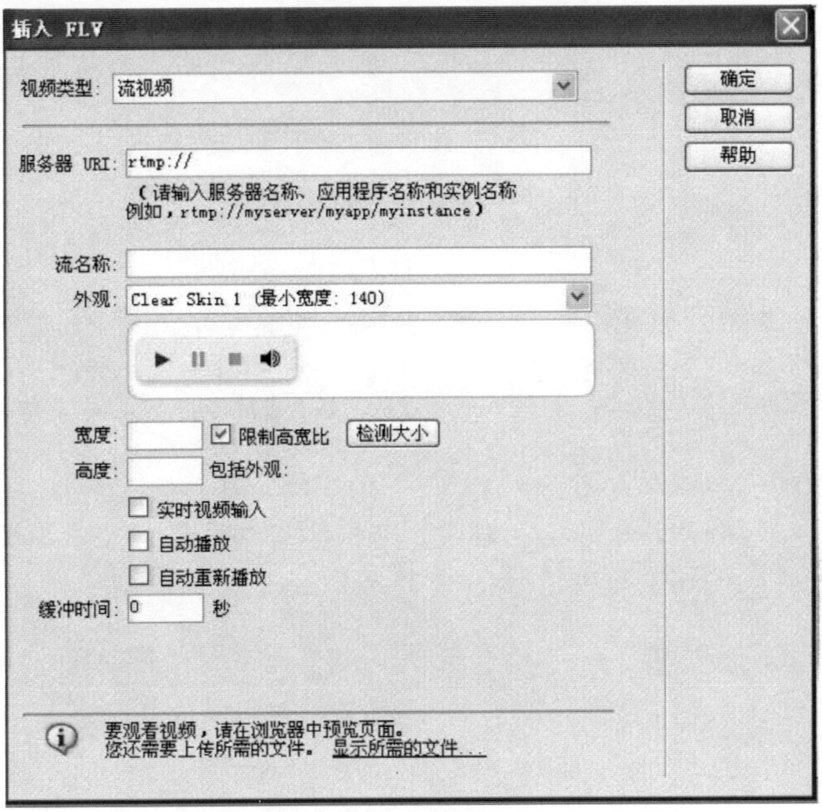

**图 6-67　设置流视频**

指定的名称。但要注意的是：如果选中该复选框，组件的外观上只会显示音量控件，并且不支持"自动播放"和"自动重新播放"选项。

● "缓冲时间"：可以设置在视频开始播放之前进行缓冲处理所需的时间（以秒为单位）。默认的缓冲时间设置为 0。

单击"确定"按钮，即可在网页文档中插入 FLV 文件。

**4. 在网页中插入特殊对象**

除了插入的 Flash 媒体文件外，还可以插入 Shockwave 影片、Java Applet 和插件等，但这些元素并不常用，下面就简单介绍这些元素的插入方法。

（1）插入 Shockwave 影片

Shockwave 影片是多媒体影片文件，文件较小，被广泛应用于制作多媒体光盘和游戏等领域，能够被浏览器快速下载，并且可以被目前的主浏览器所支持。

在网页中要插入 Shockwave 影片，可通过选择"插入"|"媒体"|"Shockwave"命令，打开"选择文件"对话框，选择要插入的 Shockwave 影片（Shockwave 文件的扩展名是".dcr"".dir"".dxr"），在选定插入文件后，单击"确定"按钮即可插入到网页文档中。在"属性"面板中可以设置影片大小，如图 6-68 所示。

图 6 – 68　设置 Shockwave 影片属性

（2）添加 Java Applet

Java Applet 是使用 Java 语言编写的一种应用程序，它具有动态、安全和跨平台等特点，能够在网页中实现一些特殊效果。Java Applet 被嵌入到 HTML 语言中，通过主页发布到因特网，用户访问服务器的 Applet 时，这些 Applet 就从网络上进行传输，然后在支持 Java 的浏览器中运行。

在网页中插入 Applet 可通过选择"插入"|"媒体"|"Applet"命令，打开"选择文件"对话框，选择插入的 Java Applet 文件，单击"确定"按钮即可；然后通过"属性"面板，单击"参数"按钮，对其相关参数进行设置，如图 6 – 69 所示。

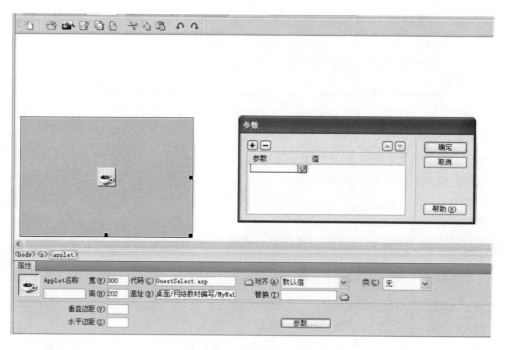

图 6 – 69　设置 Applet 属性

### 5. 在网页中插入音频

现在浏览器能支持的多媒体文件越来越多，文件也越来越小，但表现的效果却越来越好。在网页中，可以插入声音文件，并可以在浏览器中播放。

（1）要在网页中加入声音文件，将光标移至插入声音文件的位置，选中"插入"|"媒体"|"插件"命令，打开"选择文件"对话框，选择要插入的声音文件，单击"确定"按钮即可插入

到网页中。如图 6 – 70 所示。

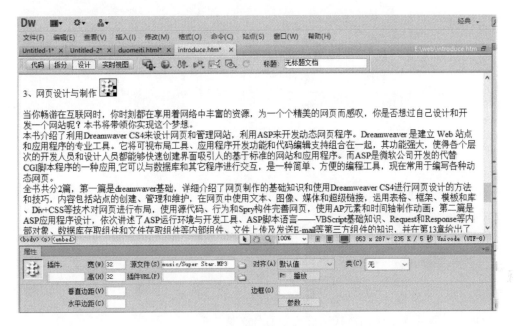

**图 6 – 70　插入音频文件**

（2）可以在"属性"面板中对所插入的音频插件进行属性的设置。

**注意**：创建链接声音文件也可以在网页中选择文本和图像，然后在"属性"面板的"链接"文本框中输入链接声音文件的 URL 地址。

### 6. 添加背景音乐

如果让网页一打开就有背景音乐自动播放，这样的设置会为网页增色不少。要为网页添加背景音乐，可以通过以下操作完成。

（1）将鼠标指针置于文档所有内容的最前面。

（2）选中"插入"｜"媒体"｜"插件"命令，打开"选择文件"对话框，选择所需音频文件，此时将显示插件的"属性"面板。如图 6 – 71 所示。

**图 6 – 71　"插件"属性面板**

（3）打开"属性"面板中的"参数"按钮，如图 6 – 72 所示设置好相关参数。

- hidden：插件是否隐藏。
- autoplay：插件是否自动播放。

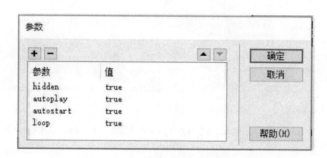

图6-72　插件"参数"属性设置

- autostart：插件是否自动开启。
- loop：插件是否循环播放。

(4)保存文件，按下 F12 键，在浏览器中预览网页文档，插入的背景音乐会自动播放。

### 6.6.4　课后思考与练习

(1)如何将 Flash 动画的背景设置为透明？
(2)Flash 视频与其他视频格式文件比较有什么优点？
(3)在 Dreamweaver CS6 中网页上可以插入的图像格式主要有哪些？各有什么特点？

# 6.7　表单的使用

### 6.7.1　实验目的

(1)掌握表单的创建和设置，以及表单的检查。
(2)掌握各表单对象的插入和属性的设置。
(3)了解表单中数据的提交。

### 6.7.2　实验环境

(1)微型计算机。
(2)Windows 操作系统。
(3)Dreamweaver CS6。

### 6.7.3　实验内容和步骤

使用 Dreamweaver 可以创建各种表单元素。本实验以完成一个用户注册页面为例，来了解主要表单对象的各种操作。

首先，我们创建一个 HTML 页面，命名为 reg. htm，接着我们即可在 reg. htm 中创建各种表单对象了。具体操作步骤如下：

#### 1.插入表单

(1)将光标放在"编辑区"中要插入表单的位置；然后在"插入"工具栏的"表单"类别中，

单击"表单"按钮；此时一个红色的虚线框出现在页面中，表示一个空表单，如图 6-73 所示。

图 6-73　插入"表单"后的效果图

（2）单击红色虚线，选中表单；在"属性"中，"表单 ID"文本框中输入表单名称，以便脚本语言 Javascript 通过名称对表单进行控制；在"方法"下拉列表框中，选择处理表单数据的传输方法，默认的方法是"POST"；在"目标"下拉列表框选择服务器返回反馈数据的显示方式，这里选择"_blank"，即在新窗口打开；在"编码类型"下拉列表框选择提交服务器处理数据所使用的编码类型，默认设置"application/x-www-form-urlencode"与 POST 方法一起使用，如图 6-74 所示。

图 6-74　表单属性设置

**注意：**表单在 HTML 中是用 < form > </ form > 标记来创建的，在 < form > </ form > 标记之间的部分都属于表单的内容。< form > 标记具有 Action（动作）、Method（方法）和 Target（目标）属性。

● Action：处理程序的程序名。例如 < form action = "reg1. asp" >，如果属性是空值，则当前文档的 URL 将被使用，当提交表单时，服务器将执行程序。

● Method：定义处理程序从表单中获得信息的方式。可以选择 GET 或 POST 中的一个。GET 方式是处理程序从当前 HTML 文档中获取数据，这种方式传送的数据量是有限制的，一般在 1kB 之内。POST 方式是当前 HTML 文档把数据传送给处理程序，传送的数据量要比使用 GET 方式大得多。

- Target：指定目标窗口或帧。可以选择当前窗口_self、父级窗口_parent、顶层窗口_top和空白窗口_blank。

（3）在表单中创建表格。为了使各种控件在网页中整齐排列，在表单中创建一个3列10行的表格。表格的创建方法在本书6.4节做了讲解，在此不再讲解，表格的边框粗细设置为0。表格添加后的效果如图6－75所示。

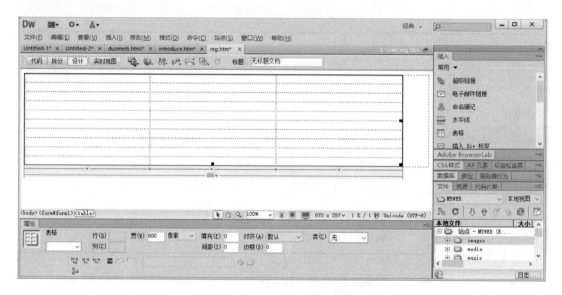

图6－75　在表单中插入表格后的效果图

### 2. 插入文本字段

文本字段是表单中常用的元素之一，主要包括单行文本字段、密码文本字段、多行文本区域三种。

网页中最常见的单行文本字段与密码文本字段就主要应用于用户登录框。用户名一项应用的就是单行文本字段，密码一项应用的就是密码文本字段。

（1）插入单行文本域

选择"插入"|"表单"|"文本字段"命令，或单击"表单"插入栏上的"文本字段"按钮，打开"输入标签辅助功能属性"对话框，如图6－76所示。

输入ID和标签信息后，单击该对话框中的"确定"按钮，即可在文档中创建一个单行文本字段。在这里我们输入ID为：username，标签为空，完成后的效果图如图6－77所示。

从图6－77中选中插入的单行文本字段，打开"属性"面板，如图6－78所示。

在文本字段"属性"面板中，主要参数选项的具体作用如下。

- "文本域"文本框：可以输入文本域的名称。
- "字符宽度"文本框：可以输入文本域中允许显示的字符数目。
- "最多字符数"文本框：用于输入文本域中允许输入的最大字符数目，这个值将定义文本域的大小，并用于验证表单。如果在"类型"中选择了"多行"，则该文本框将变成"行数"文本框，用于输入"多行区域"的具体行数。
- "初始值"文本框：用于输入文本域中默认状态下显示的文本。

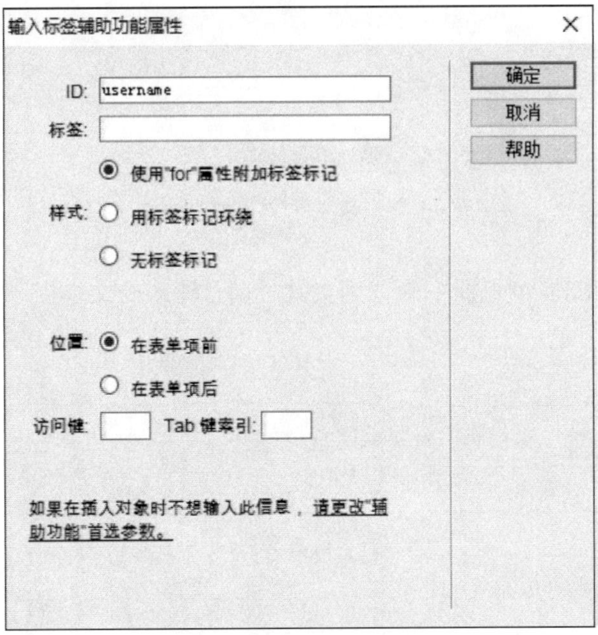

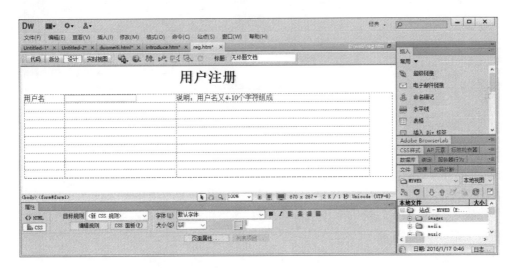

图 6 – 76　插入"文本字段"对话框

图 6 – 77　插入"单行文本字段"后的效果图

- "类"下拉列表框：指定用于该表单的 CSS 样式。
- "禁用"选项：用于指定该文本域是否可用。
- "只读"选项：选定该项后，文本域便处于只读状态，不能写入数据。

（2）密码文本字段

在插入单行文本域后，在"属性"面板（如图 6 – 78 所示）的类型中选中"密码"单选按钮，即可插入密码文本域。有关密码文本域在"属性"面板中的设置与单行文本域相同。

**图 6 - 78　文本字段"属性"面板**

插入密码文本域后,在浏览器中预览网页文档时,输入的文本以 * 号代替,如图 6 - 79
所示。

**图 6 - 79　密码文本域显示效果**

(3)插入多行文本域

在插入单行文本域后,选中"属性"面板中的"多行"单选按钮,即可插入多行文本域。

插入多行文本域后,可以在"属性"面板的"字符宽度"文本框中输入文本框字符宽度数
值,在"行数"文本框中可以输入多行文本框行数,在"初始值"文本框中可以输入文本框初始
文本内容,如图 6 - 80 所示。

**3.插入隐藏域**

隐藏域是用来收集或发送信息的不可见元素。对于网页的访问者来说,隐藏域是看不见
的。当表单被提交时,隐藏域就会将信息用你设置时定义的名称和值发送到服务器上。具体
的操作步骤如下:

(1)将光标放在表单中要插入隐藏域的位置,然后在"插入"工具栏的"表单"类别中,单
击"隐藏域"按钮;此时,在"编辑区"中插入一个隐藏域,如图 6 - 81 所示。

(2)设置隐藏域属性。选中"隐藏域"标识,在"属性"中的"隐藏区域"文本框中输入隐
藏域的名称,"值"文本框中给隐藏域赋值。比如为了防止恶意注册,我们可以在这里给出上
一个页面的信息,这个信息不想让用户看到,就可以使用隐藏域,如图 6 - 82 所示。

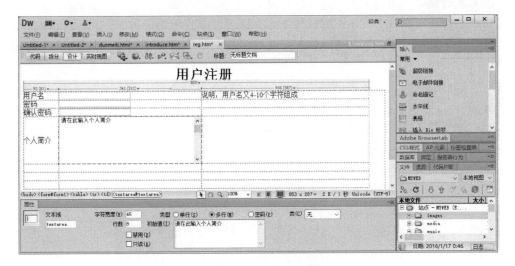

**图 6 - 80  "文本域"面板**

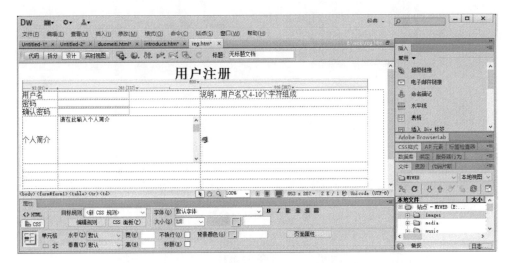

**图 6 - 81  插入"隐藏域"后的效果图**

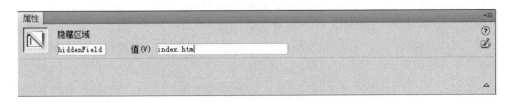

**图 6 - 82  "隐藏域"属性**

#### 4.插入复选框

复选框是在一组选项中，允许用户选中多个选项。复选框是一种允许用户选择打勾的小方框，用户选中某一项，与其对应的小方框就会出现一个"√"。再单击鼠标，"√"将消失，表示此项已被取消。

在这里我们要求用户填写自己的兴趣爱好，由于有多种选择，需要使用复选框。具体的操作步骤如下：

(1)在"插入"工具栏的"表单"类别中，单击"复选框"按钮；此时，将会弹出"输入标签辅助功能属性"，如图 6-83 所示。

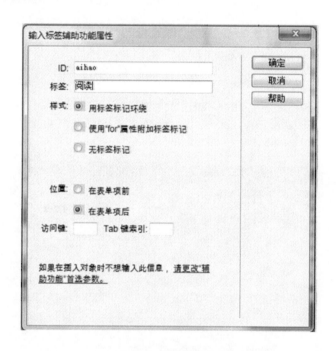

图 6-83 "输入标签辅助功能属性"对话框

(2)输入 ID、标签后，点击"确定"，即可在网页中插入一个复选框。按相同的方法插入多个复选框，最后的效果图如图 6-84 所示。

(3)需要注意的是，根据编程需要，一般将所有选项的 ID 都设置为相同的，这里，所有选项 ID 都设置为"aihao"，且每一个选项都要设定一个选定值。我们也可以对某一个选项设定是"已勾选"或"未选中"，以上选项都在"属性"面板中设置。

(4)除了上述方法外，还可以选择插入"复选框组"，这样可以同时插入多个复选框。我们在"插入"工具栏的"表单"类别中，单击"复选框组"按钮，进入如图 6-85 的对话框，默认是有两个选项，如果要增加项目，点击"➕"，如果要减少项目，则点击"➖"。修改选项或值，双击相应项目即可。

#### 5.插入单选按钮

单选按钮是在一组选项中，只允许选择一个选择项，例如性别选项。单选按钮的插入方

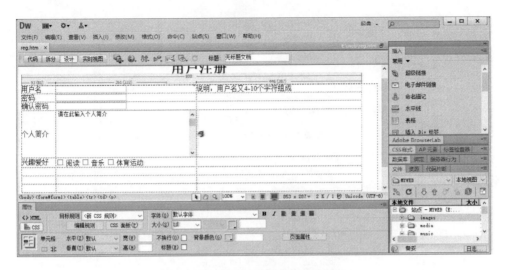

**图 6 - 84　插入"复选框"后的效果图**

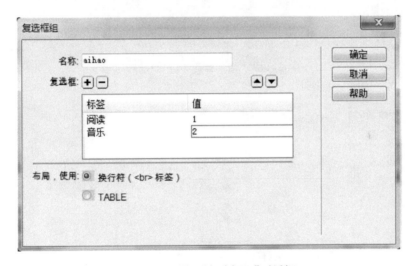

**图 6 - 85　插入"复选框组"对话框**

法和复选框相同，可以选择单个插入，如图 6 - 86 所示，也可以插入单选按钮组，如图 6 - 87 所示。插入单选按钮后的表单及"单选按钮"属性面板如图 6 - 88 所示。

### 6. 插入列表/菜单

列表和菜单也是表单中常用的元素之一，它可以显示多个选项，用户通过滚动条在多个选项中选择。

（1）本注册页面中，我们要求用户输入来自的省份，在"插入"|"表单"工具栏中选择"列表/菜单"按钮，进入"输入标签辅助功能属性"的界面，ID 输入 province，确定后进入如图 6 - 89所示的界面。

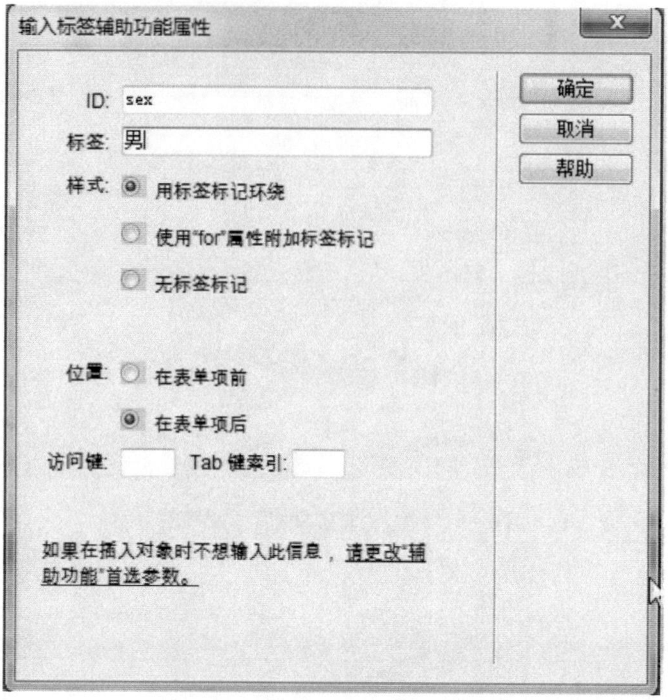

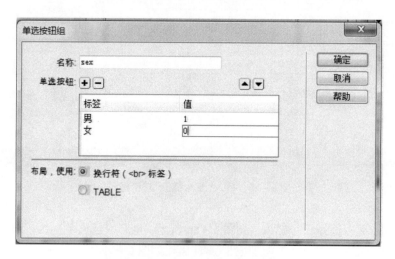

图 6 – 86   "插入单选按钮"对话框

图 6 – 87   插入"单选按钮组"对话框

（2）在图 6 – 89 所示的"属性"面板上，点击"列表值"，即可设置下拉列表的项目，如图 6 – 90所示。

（3）如果将"类型"更改为"列表"，则该下拉列表还允许多选。

### 7. 插入跳转菜单

跳转菜单实际上是一种下拉菜单，在菜单中显示当前站点的导航名称，单击某个选项，

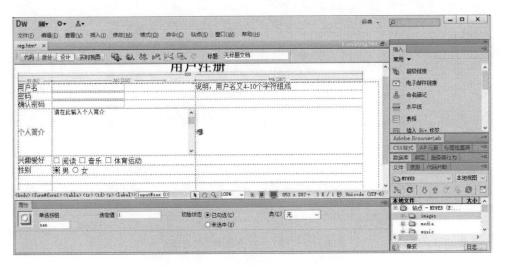

**图 6 – 88   插入"单选按钮"后的表单**

**图 6 – 89   插入"列表/菜单"效果图及"属性"设置界面**

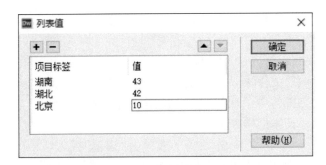

**图 6 – 90   插入"列表值"对话框**

即可跳转到相应的网页上，从而实现导航的目的，常用来作友情链接。"插入跳转菜单"的对话框如图 6 – 91 所示，预览效果图如图 6 – 92 所示。

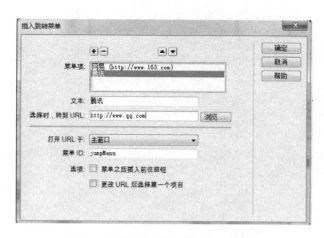

图6-91　插入"跳转菜单"对话框

# 用户注册

| 用户名 | | 说明：用户名为4-10个字符组成 |
|---|---|---|
| 密　码 | | |
| 确认密码 | | |
| 个人简介 | 请在此输入个人简介 | |
| 兴趣爱好 | ☐ 阅读 ☐ 音乐 ☐ 体育运动 ☐ 游戏 | |
| 性别 | ● 男 ○ 女 | |
| 省份 | 湖南 ▾ | |
| 友情链接 | 网易 ▾ | |

图6-92　插入"跳转菜单"后的效果图

### 8. 插入文件域

在表单中，经常会出现文件域。文件域能使一个文件附加到正被提交的表单中，比如表单中的上传照片或图片、邮件中添加附件就是使用了文件域。本例中，我们在注册页面中要求用户上传自己的照片，具体操作方法如下。

（1）选择"插入"│"表单"│"文件域"命令，或单击"表单"插入栏中的"文件域"按钮，即可在文档中创建一个文件上传域，如图6-93所示。

（2）选中插件"文件上传域"，打开"属性"面板，设置相关参数。在插件文件上传域"属性"面板中主要参数选项具体作用如下。

- "文件域名称"文本框：用于输入文件域的名称。
- "最多字符数"文本框：用于输入文件域的文本框中允许输入的最大字符数。

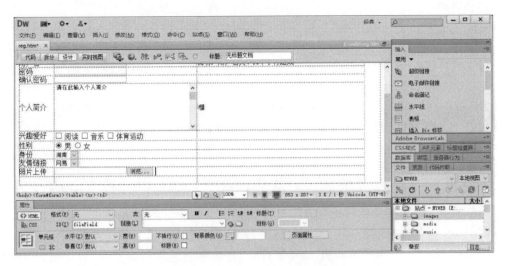

**图 6 - 93　插入"文件域"后效果图**

- "类"下拉列表框：指定用于该表单的 CSS 样式。

（3）插入文本域后，在浏览器中预览网页文档，单击"浏览"按钮，即可打开"选择要加载的文件"对话框，选中要上传的文件，如图 6 - 94 所示。

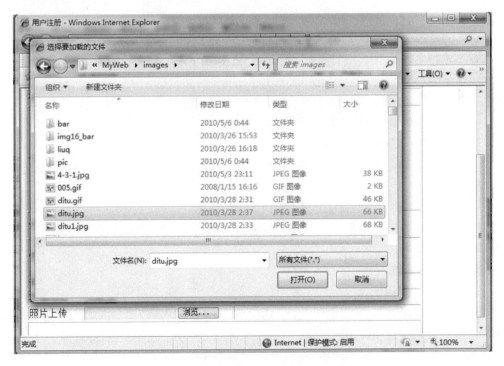

**图 6 - 94　"选择要加载的文件"对话框**

### 9. 插入按钮

在表单中，按钮是用来控制表单的操作。在预览网页文档时，当输入完表单数据后，可以单击表单按钮，提交服务器处理；如果对输入的数据不满意，需要重新设置时，可以单击表单按钮，重新输入；还可以通过表单按钮来完成其他任务。前面讲过的复选框和单选按钮也是预定义选择对象的表单对象。

在 Dreamweaver CS6 中，表单按钮可分为三类：提交按钮、重置按钮和普通按钮等。

- 提交按钮：是把表单中的所有内容发送到服务器端的指定应用程序。
- 重置按钮：用户在填写表单的过程中，若希望重新填写，单击该按钮使全部表单元素的值还原为初始值。
- 普通按钮：该按钮没有内在行为，但可以用 JavaScript 等脚本语言或应用程序为其指定动作。单击按钮时，自动执行相应的脚本或程序。

本例中，我们要提交数据，所以需要提交按钮和重置按钮，具体操作步骤如下：

(1)选择"插入"|"表单"|"按钮"命令，打开"输入标签辅助功能属性"对话框，单击"确定"按钮，即可在文档中创建一个"提交表单"按钮。

(2)选中一个按钮表单，打开"属性"面板，如图 6 – 95 所示。

图 6 – 95    按钮"属性"面板

在按钮表单的"属性"面板中，主要参数选项具体作用如下：

- "按钮名称"文本框：用于输入按钮的名称。
- "值"文本框：用于输入需要显示在按钮上的文本。
- "动作"选项区域：用于选择按钮的行为，即按钮的类型，包含 3 个选项："提交表单""重设表单""无"。
- "类"下拉列表框：用于指定该按钮的 CSS 样式。

(3)按照上述方法，再创建一个"重置"按钮。到此为止，注册页面制作完成，其效果图如图 6 – 96 所示。

### 10. 表单数据的处理

一个包含表单的网页制作完成后，并不代表就可以利用这个页面传送表单中的数据了。上述的注册页面"reg. htm"，界面做好了，但仅仅这样并不能传送数据。我们还需要编写服务器端脚本，用于接收和处理提交的数据。

限于篇幅，如何利用 ASP 或 PHP 等服务器端脚本来处理表单提交的数据交由读者课外完成。

**图 6 - 96　制作完成后的"注册页面"**

## 6.7.4　课后思考与练习

（1）隐藏域的作用是什么？

（2）对表单中输入的数据进行验证如何实现？

（3）仿照腾讯 QQ 号码申请页面，制作一个用户注册页面，并要求对必填项目进行验证。

# 第7章 多媒体技术在日常生活中的应用

## 7.1 电子相册及 MTV 制作

### 7.1.1 实验目的

(1)认识并了解多媒体电子相册制作软件——数码大师。
(2)能使用数码大师制作电子相册并调整特效。

### 7.1.2 实验环境

(1)微型计算机。
(2)Windows 操作系统。
(3)数码大师。

### 7.1.3 实验内容和步骤

视频相册是当今非常流行的相册种类，而数码大师是国内发展最久、功能最强大的优秀多媒体电子相册制作软件。它能让我们轻松体验各种专业数码动态效果的制作乐趣。它可以实现家庭本机数码相册制作、锁屏数码相册制作、礼品包相册制作、视频数码相册制作及网页数码相册制作等。

#### 1. 把相片导入数码大师并设置相片属性

(1)下载安装数码大师 2010 并启动数码大师。现在已推出 2015 版，但是基本操作大同小异。

(2)图 7－1 所示为数码大师的操作界面，选择"本机相册"选项卡，点击进入相册制作。

(3)选择左边的"相片文件"，点击"添加相片"按钮，添加需要进行设置的相片。

(4)当添加完相片时，你可以通过"修改名字及注释"对相片进行修改，如果不设置或修改，数码大师将以默认的内容自动处理。图 7－2 就是修改相片名及注释的对话框。修改完毕后再点击"确认修改"按钮即可。

#### 2. 添加相片特效

数码大师带有大量的各种类的特效，甚至还自带更高级的"视频相册专用特效"，种类数量堪称同类软件之最。多达 200 多种特效要一个个看完再去选择看来是比较费时的，我们可以全选特效让程序自动为我们分配特效，这样就可以省下很多时间。

当然，如果需要指定某个特效到某张照片时，数码大师也可以轻松完成。

图 7 – 1　数码大师的操作界面

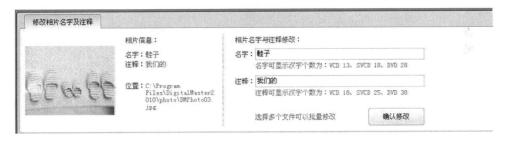

图 7 – 2　修改相片名和注释的对话框

（1）打开要添加特效的相片文件。

（2）如图 7 – 3 所示，在"公用相片特效"中选择、预览所需设置的特效，然后点击"应用特效到指定相片"按钮即可。

（3）选择左边的"背景音乐"按钮，出现如图 7 – 4 所示的对话框，点击"添加媒体文件"，添加一首或多首背景音乐。通过"插入歌词"按钮可以在播放音乐的同时添加 LRC 格式的文件，为音乐插入歌词。在音乐添加完后，可选择窗口左下方的"功能选项"设置相片与音乐的播放模式及"滚动文字与歌词"设置歌词显示的文字格式等。

（4）选择左边的"相框"按钮为相片文件添加相框。所有相册设置完毕后，点击"开始播放"即可查看效果。

**图 7 - 3　相片特效设置**

**图 7 - 4　相册背景音乐设置**

**3. 视频相册参数设置并开始生成视频相册**

(1)选择"视频相册"选项卡,如图 7 - 5 所示,点击"相片特效"选项卡,如前所述进行每个图片的特殊效果预览及设置。

(2)选择"背景音乐"选项卡,对视频的背景音乐及歌词、背景颜色及图片、注释等参数进行设置。

图 7 - 5  视频相册设置

(3) 选择"插入视频片头"，出现"相片间插入视频短片"设置窗口，它可以让你在相册里添加片头信息，在相片与相片之间添加一些短片，并且相册演示时的完全静止停留的时间也可以设置。如图 7 - 6 所示。

图 7 - 6  "相片间插入视频短片"对话框

（4）所有设置完成后，点击"开始生成"即可。视频导出格式通常有 VCD、SVCD、DVD 等可供选择。

总体来说，数码大师在设计上下了很大的功夫，软件在易用和强大之间找到了一个最佳的结合点，大大方便了初级和高级用户的使用。我们不必担心相册过于乏味，因为数码大师提供了强大的功能；也不用担心相册难于制作，因为软件的易用性和智能性大大简化了我们的操作。

### 7.1.4 课后思考与练习

（1）使用数码大师制作一个音乐"MTV"。
（2）如何制作网络电子相册？

# 7.2 MTV 制作

### 7.2.1 实验目的

（1）认识并了解专业 MTV 制作软件——Premiere Pro CS6。
（2）使用 Premiere Pro CS6 制作简单的 MTV 并调整特效。

### 7.2.2 实验环境

（1）微型计算机。
（2）Windows 操作系统。
（3）Premiere Pro CS6。

### 7.2.3 实验内容和步骤

MTV 制作软件属于多媒体视频编辑软件，是一类制作 MTV 的编辑软件的统称。MTV 的全称为 Music Television，即音乐电视，因此，MTV 制作软件是一类对添加的相片、视频短片、视频片头、歌词字幕文件、视频特效进行非线性编辑后，保存成新的视频格式的软件。而 Premiere Pro CS6 是一款专业级具有高级编辑功能的视频制作软件。对于专业用户可以通过不断增加插件，集合用户的专业水平进行复杂的编辑，制作出各种高难度的 MTV 视频，但由于面向专业用户，软件的操作十分复杂，上手时间很长，甚至需要专门的培训和学习过程，非专业用户使用有非常大的难度。那么，我们就以 Premiere Pro CS6 为例，简要地给大家介绍一下 MTV 的制作过程。

#### 1. 设置 Premiere Pro CS6 基本参数

（1）下载并安装 Premiere Pro CS6。打开 Premiere Pro CS6，就会出现"装载预置"对话框，如图 7-7 所示。

（2）根据要求对"压缩类型""视频尺寸""播放速度""音频模式"等进行设置，如需改变已有的设置选项，可选择"自定义设置"选项卡，然后就可在出现的对话框中改变设置。在预设方案中，帧率的数值越大，合成电影所花费的时间就越多，最终生成电影的尺寸就越大，因此，如没有特殊要求，一般选择帧率数值较小的方案。

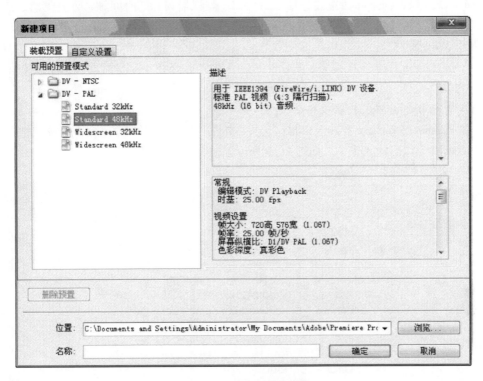

图 7-7　"装载预置"对话框

（3）从预设表中选择"Standard 48 kHz"，单击"确定"按钮，屏幕上会同时显示几个窗口，如图 7-8 所示。

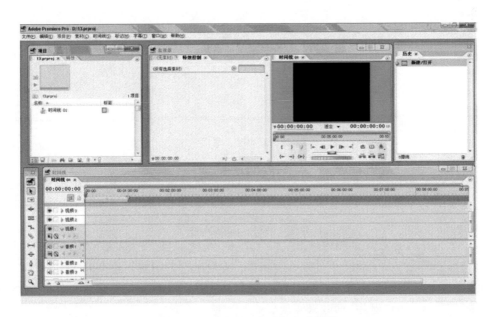

图 7-8　Premiere Pro CS6 主界面

Premiere Pro CS6 的主界面主要包括项目窗口、监视器窗口、时间轴、历史窗口、工具栏等，可以根据需要调整窗口的位置或关闭窗口，也可通过"窗口"菜单打开更多的窗口。

**2. 制作 MTV 素材**

（1）Premiere Pro CS6 能将视频、图片、声音等素材整合在一起，而素材加工及获得一般要动用别的软件或器材，比如用 3ds Max 制作三维动画片段，用 Photoshop 处理图像，用录像机及视频捕捉卡得到实景的视频文件。

（2）在 Premiere Pro CS6 中导入素材。选择"文件"菜单下的"导入"命令，或双击项目窗口的空白处，就会弹出输入窗口，如图 7 - 9 所示。

图 7 - 9 "输入"窗口

（3）选中 MTV 素材后，单击"打开"按钮，即将它们导入到项目窗口中，如图 7 - 10 所示。当项目窗中文件较多、层次较复杂的时候，可单击左下角的搜索图标，也可以在项目窗上的空白处单击右键，从弹出菜单中选择"查找"，就可通过"查找"对话框来查找文件。

（4）在 Premiere Pro CS6 中制作字幕文件。单击"新建项目"图标，在打开的"新建"对话框中将项目类型选为字幕，就会出现字幕编辑器，可通过它方便地创建字幕文件。

（5）如要删除选中的素材文件，可以直接按 Delete 键删除不需要的素材文件或从菜单栏中选择"编辑"菜单下的"删除"命令来实现。

（6）单击项目窗口下方的一组按钮可以选择素材文件的不同显示方式。

图 7 - 10　"项目"窗口

### 3. 监视器窗口

在 Premiere Pro CS6 中可以把项目窗口中的某一段视频素材直接拖动到时间轴上。如果希望预览或精确地剪切素材，就要用到监视器窗口。

(1)将视频素材拖入监视器窗口的源素材预演区或在项目窗口中双击视频或音频素材，如图 7 - 11 所示。

图 7 - 11　将素材拖入 Source 监视窗

(2)点击播放控制按钮，进行倒带、前进、停止、播放、循环或播放选定区域的操作，每个独立的视频素材及声音素材都可放在源素材监视器窗口中进行播放。

（3）在放映区下方编辑栏中点击查看当前素材，被装入素材监视器窗口的素材文件名都会被系统记录下来。

（4）单击"标记"按钮，对一些关键帧做标志，便于在后面的编辑中控制素材。

（5）通过播放控制按钮可看清每帧的画面，并从中找到起点和终点，然后选定标志区，将所选部分加到时间轴。用这种方法可在一个素材中精确截取一个或多个片段，并分别加入到时间轴中。

### 4. 时间轴

在 Premiere Pro CS6 众多的窗口中，居核心地位的是时间轴。在时间轴中，可以把视频片断、静止图像、声音等组合起来，创作各种特技效果。如图 7 – 12 所示。

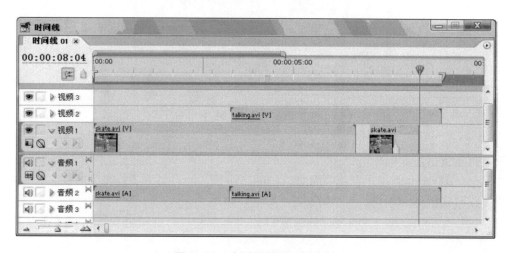

**图 7 – 12　在时间轴中组织素材**

（1）时间轴包括多个通道，用来组合视频（或图像）和声音。视频通道包括视频 1、视频 2和视频 3。音频 1、音频 2、音频 3 等是音频通道。如需增加通道数，可在通道的空白处单击右键，从出现的下拉菜单中选择"添加轨道"。

（2）在时间轴右上角单击倒三角形隐藏菜单，选择"显示音频单位"，把时间线的格式从正常时间格式转化为音频时间格式。

（3）将项目窗口中的素材直接拖到时间轴的通道上或拖动项目窗口中的一个文件夹到时间轴上，这时，系统会自动根据拖入文件的类型把文件装配到相应的视频或音频通道上，其顺序为素材在项目窗口中的排列顺序。

（4）将两段素材首尾相连，就能实现画面的无缝拼接。若两段素材之间有空隙，则空隙会显示为黑屏。

（5）如需删除时间轴上的某段素材，可单击该素材，出现虚线框后按 Delete 键。

（6）在时间轴中剪断一段素材。在工具栏中选取刀片形按钮，然后在素材需剪断位置单击，则素材被切为两段。被分开的两段素材彼此不再相关，可以对它们分别进行删除、位移、特技处理等操作。时间轴的素材剪断后，不会影响到项目窗口中原有的素材文件。

（7）可通过拖移播放头来查找及预览素材，播放头位置上的素材会在监视器窗口中显示。

（8）时间轴标尺的上方有一栏黄色的滑动条，这是 MTV 工作区，可以拖动两端的滑块来改变它的长度和位置,当对 MTV 进行合成时,只有工作区内的素材会被合成。

### 5.过渡特效

一段视频结束,另一端视频紧接着开始,这就是所谓的电影镜头切换。为了使电影镜头切换衔接自然或更加有趣,我们可以使用各种过渡效果。

(1)选择项目窗口的"特效"选项卡,出现特效面板,如图 7 - 13 所示。

图 7 - 13　"特效"选项卡

(2)在"特效"窗口中,可看到详细分类的文件夹,单击任意一个扩展标志,则会显示一组过渡效果。

(3)在时间轴中,先把两段视频素材分别置于视频 1 的通道和视频 2 的通道中,然后在过渡面板将滑行拖到时间线视频 1 与视频 2 两通道的视频重叠处,Premiere Pro CS6 会自动确定过渡长度以匹配过渡部分,如图 7 - 14 所示。

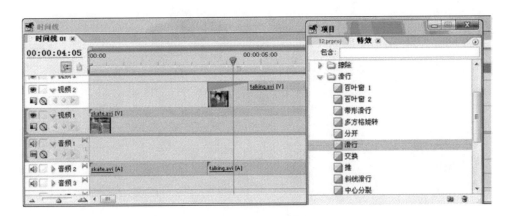

图 7 - 14　加入过渡效果

（4）在时间线中双击滑行特效的过渡显示区，会出现过渡属性设置对话框，如图 7 - 15 所示。

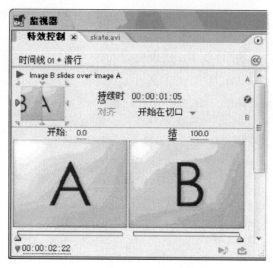

图 7 - 15　设置过渡属性

（5）设置完成后，按 Enter 键，将会生成预览 MTV。如果希望快速显示效果，可按下 Alt 键后拖动播放头，这时项目区监视器窗口将出现包含过渡效果的画面，如图 7 - 16 所示。

图 7 - 16　通过拖动播放头快速预览电影

**6. 动态滤镜特效**

使用过 Photoshop 的用户都不会对滤镜感到陌生,通过各种特效滤镜,可以对图片素材进行加工,为原始图片添加各种各样的特效。

Premiere Pro 中也提供了各种视频及声音滤镜,其中视频滤镜能产生动态的扭变、模糊、风吹、幻影等特效,这些变化增强了影片的吸引力。

(1)选择项目窗口中的"特效"选项卡,单击"视频特效"命令,出现"特效(Effect)"面板,如图 7 - 17 所示。

(2)在滤镜分类文件夹中找到"光效"滤镜中的"镜头眩光"滤镜,将它拖到时间轴的视频素材上,这时会弹出一个设置"Lens Flare Setting"的对话框,如图 7 - 18 所示。

图 7 - 17　滤镜效果面板

图 7 - 18　滤镜设置面板

(3)Brightness(亮度)的数字框和三角形滑块用来设定点光源的光线强度。对话框中部是画面显示区,可通过移动"十"字形标记来改变点光源的位置。

(4)设定透镜类型。Lens Type 中有 3 种设置,每一种产生的光斑和光晕都是不一样的。

(5)设定好后,单击"OK"确定。镜头眩光滤镜就加入到相应的视频素材上,监视器窗口的特效控制栏中也会出现视频特效一项,如图 7 - 19 所示。

**7. 滚动字幕设置**

(1)选择"文幕",单击"新建字幕"下的"默认滚动字幕"命令,出现文字编辑器。

(2)单击"文字编辑器"工具栏中的"文字工具",在编辑区拖出一个矩形的区域,该矩形区域就是编辑滚动字幕的活动区域。

(3)在编辑区中写入需要显示的所有文字内容,由于在水平及垂直方向都有滑块,因此文字内容的篇幅不会受到矩形框的限制,如图 7 - 20 所示。

图 7 - 19　"特效控制"面板

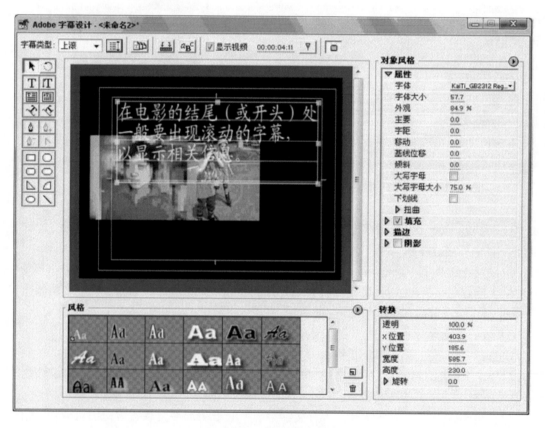

图 7 - 20　输入滚动字幕

(4)通过右侧的工具给滚动字幕设置字体、颜色、渐变、阴影等。

(5)选择"滚动方向及速度"图标,出现设置滚动方向及速度对话框,如图7-21所示。

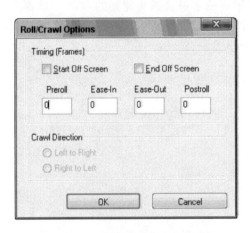

**图7-21　设置滚动方向及速度**

(6)选择"文件"菜单下的"保存"命令,将字幕文件命名后保存,然后关闭文字编辑器。

(7)在项目窗口中找到这个字幕文件,将它拖动到时间轴的视频2通道,自动产生向上滚动的字幕。

### 8.音频编辑

声音是 MTV 不可缺少的部分,尽管 Premiere Pro CS6 并不是专门用来进行音频素材处理的工具,但通过时间轴的音频通道可以编辑淡入淡出效果,另外,Premiere Pro CS6 提供了大量的音频特技滤镜,通过这些滤镜,可以非常方便地制作一些使用音频的特技效果。

(1)将一段音频拖放到时间轴的音频1通道,单击通道左侧的白色三角形,可以打开音频通道的附加轨道,该轨道用于调整音频素材的强弱。

(2)单击附加轨道左侧中部的"显示关键帧"按钮,素材上出现了黄色音频线,选择"钢笔"工具在线上单击可增加控制点(同时按下键盘上的 Ctrl 键),通过对控制点的拖动可以改变音频输出的强弱。中线以上为增强,以下为减弱,如图7-22所示。

附加轨道

**图7-22　声音的淡入、增强及淡出**

(3)消除控制点的方法是将其选择删除即可。

(4)添加音频滤镜。选择"项目"窗口,单击"特效"下的"音频特效",出现音效果面板,将选定的音频滤镜拖到时间轴的声音素材上,然后在"特效控制"对话框上设置滤镜效果。

### 9.保存与输出

(1)选择"文件"菜单下的"保存"命令,将项目保存为一个后缀为.ppj 的文件,在这个文件中保存了当前 MTV 编辑状态的全部信息，以后再需调用时，只要选择"文件"菜单下的"打开项目"，找到相应的文件，就可打开并编辑 MTV。

（2）输出也就是将时间轴中的素材合成为完整的 MTV。选择"文件"菜单下的"导出时间线"，单击"电影"。出现"输出电影"对话框，给电影命名并选择存放目录后，单击"保存"按钮，Premiere Pro CS6 就开始合成 MTV 了。

### 7.2.4　课后思考与练习

使用 Premiere Pro CS6 制作一个网络电影。

# 第 8 章　多媒体技术在教育中的应用

## 8.1　多媒体课件相关概念及制作流程

### 8.1.1　实验目的

(1)了解多媒体课件的相关概念。

(2)了解课堂教学型课件的制作流程。

### 8.1.2　实验环境

(1)多媒体计算机,耳麦。

(2)Windows 操作系统。

### 8.1.3　实验内容和步骤

#### 1.什么是多媒体 CAI 课件

计算机辅助教育(CBE)的重要组成部分是计算机辅助教学(CAI),而实现计算机辅助教学的最重要的手段就是多媒体 CAI 课件。

(1)计算机辅助教育

计算机辅助教育 CBE(Computer – Based Education),是指以计算机作为主要媒介,以多媒体技术为主要手段进行的各种教育教学活动。计算机辅助教育在教学过程中可以减轻教师负担,还可作为学生的学习助手和学习工具。

(2)计算机辅助教学

计算机辅助教学 CAI(Computer Assisted Instruction),是指以计算机为主要教学媒介所进行的教学活动,是计算机辅助教育的最主要的组成部分。

(3)多媒体 CAI 课件

"课件"是英文"Courseware"的译文,即"课程软件"的意思,所以课件就是包含一定学科内容的教学软件。而多媒体 CAI 课件就是运用各种计算机媒体技术开发出来的图、文、声、像并茂的教学软件。

#### 2.多媒体 CAI 课件的分类

多媒体 CAI 课件有多种多样的类型,不同类型的多媒体 CAI 课件对应不同的教学策略。随着教学理论的完善和计算机技术的发展,不断有新的 CAI 模式出现。从总体上看,支持以学为主教学模式的 CAI 在国际上应用广泛。我国目前应用较多的是针对具体学科内容设计的演示型多媒体 CAI 课件，它支持以教为主的教学模式，以教师课堂教学的辅助手段出现，强调用于解决教学中的重点和难点，一般是由教师控制，向学生展示。如何开发出支持以学为主的 CAI 应是我国 CAI 研究的重要问题。CAI 课件大致分为：

（1）演示型

演示型多媒体 CAI 课件一般用于课堂演示教学，这类课件的操作过程是为教师设计好的，教师按照事先设计好的教学思路，逐步进行操作，展现各种配合教学的画面。

（2）自学型

自学型多媒体 CAI 课件一般用于学生自主学习，教师也可以通过它对学生进行个别辅导教学。这类多媒体 CAI 课件具有完整的知识结构，能体现一定的教学过程（含有讲解、解答、作业、检测、评价和总结等）和教学方法并且分不同的层次，以适应不同水平的学生学习。

（3）练习型

目前，常见的练习型多媒体 CAI 课件有外文单词的记忆课件、计算机键盘指法的练习课件和数学解题课件等。

（4）模拟试验型

模拟试验型多媒体 CAI 课件借助计算机仿真技术，在计算机上模拟试验的全过程，如 EWB 电路模拟试验软件等。

（5）测试型和资料型

测试型多媒体 CAI 课件通常用于检测学生学习成果，通常包括测试、统计、分析及组合、打印试卷等功能。资料型多媒体 CAI 课件包括电子工具书、电子词典、资料库等，它通常只提供教学资料，不提供教学过程。

## 3. 多媒体 CAI 课件制作流程

（1）系统分析

在进行多媒体 CAI 课件设计时，为了保证发挥多媒体计算机的优势，为教学服务，以实现最佳的教学效果，首先要对整个课件开发项目进行科学、系统地分析，以保证开发工作的有效性。

①需求分析。计算机可能是未来信息的主要载体，也许所有的教学内容都可以通过计算机来实现。但就目前我国的情况来看，硬件条件不允许这样做，也没有足够多的软件支持。这时所进行的计算机辅助教育，多数还停留在作为课堂教学的辅助手段上。因此，在动手设计之前要分析课件开发的必要性，也就是说要解决为什么要开发这个课件，不用这个课件对教学有没有影响等问题。如果不了解这一点，课件开发过程中再发现课件在教学中可有可无，就会造成人力、物力、财力的巨大浪费。

②教学目标与教学内容分析。教学目标指通过本次教学预期达到什么样的水平，教学内容是指教什么（学习内容）与怎样教。教什么是确定教学范围，并根据大纲和学生的要求确定具体的教学目标。怎样教是确定如何把教学中的知识内容传递给学生，也就是要确定具体的教学方法。

③资源分析。多媒体 CAI 课件在制作时需要大量的投入，如果是开发组进行开发，要分析设计多媒体 CAI 课件制作时所涉及到的物质条件，如经费、人员、时间、设备等；如果是教师个人进行开发，有关时间、设备等也是必须要考虑的问题，这样做是为了确定开发的客观可能性。总之，如果经分析条件不允许，则不进行开发，经分析决定可以设计这个课件，才

可进入下一个阶段工作。

（2）教学设计

多媒体 CAI 课件是一种教学软件，所以在进行设计时，不能只从计算机软件的角度考虑，因为它要完成的是教学任务。因此，教学设计是多媒体 CAI 课件设计中非常重要的一步。在对系统的内容进行分析时，已经确定了教学目标与教学内容，还会遇到许多问题，如学习目标的分解、教学模式的选择、信息媒体的选择等。

（3）知识结构的设计

知识结构是指教学内容中知识内部的关系、结构和顺序。在教学设计中解决了教什么这个问题以后就要解决怎样教的问题，实际上是要设计适当的知识体系、选择好教学媒体、选择有效的教学模式。为了达到这个目的，除了要确定教学内容的范围和深度之外，还要在进行知识结构设计时遵守体现知识内容的关系、体现学科教学的规律、体现知识结构的功能等原则。

（4）课件结构的设计

在完成了教学设计后，如何将所要教授的知识内容在计算机上用灵活的形式表达出来，发挥多媒体的优势，突破教学重点和难点，培养学生的素质和能力，这就要通过系统设计来解决。课件结构的设计是前一环节教学设计基本思想的实现，又是下一步课件制作的工作基础。教学系统设计中要注意封面导言设计、屏幕界面设计、交互方式设计等。

①封面导言的设计。封面是学生见到课件的第一个画面，封面上要有多媒体课件的标题，并且要形象生动，还要呈现软件的基本结构以引起学生的注意。一般封面要能自动进入导言部分。封面导言按照作用不同，可分为介绍型导言、信息获取型导言和序言型导言。封面导言部分的设计中应遵循的最基本和最重要的原则是简单、明了、清晰。

②屏幕界面的设计。友好的屏幕界面能使教学软件容易理解和接受，又能让学生容易掌握和使用。屏幕的设计不仅是一门科学，而且是一门艺术，在进行这部分工作时要向美工人员请教。同时为了将屏幕设计得精巧并有深度，要遵循一系列屏幕设计的指导原则。如一个软件的屏幕界面应该让人看后有整体上的一致感，屏幕设计中必须强调学生的需求优先于程序的处理要求，要灵活和简洁等。

③交互方式的设计。人机交互指人与计算机之间使用某种对话手段，以一定交互方式，为完成确定任务而进行的人机之间信息交换的过程。目前常用的人机交互方式有问答方式、菜单方式、命令方式、填表方式、查询方式、自然语言方式和图形方式等。

（5）编写多媒体 CAI 课件的脚本

脚本的编写是多媒体 CAI 课件开发过程的重要环节，是设计思想的文字表现，是制作课件的直接依据，是沟通学科教师和计算机专业技术人员的有效工具。脚本包括文字脚本和制作脚本。

①文字脚本的编写。文字脚本是对课件项目分析和教学设计结果的表述。它是按照教学的先后顺序，描述每一环节的教学内容及其呈现方式。一般包括以下几方面的内容。

• 使用对象的说明。主要说明教学软件的教学或使用是面向哪种类型的学生或教师，使用该软件的学生要具备怎样的认知结构和认知能力，还要说明软件在教学上的一些功能与作用，特别是在传统教学中无法解决的问题，而通过多媒体技术能实现的功能。

• 使用方式的说明。使用方式的说明主要说明软件应采取的教学方式，例如是教师课堂上的辅助教学还是学生自主学习等。

- 教学内容与教学目标的描述。主要说明教学软件所包含的教学内容，以及要达到的教学目标和要求。要写清教学单元与知识点的划分，每个教学单元要达到的教学目标。
- 文字脚本卡片的编写。通过以上的描述，教学软件的教学对象、教学内容与教学目标已基本确定，但具体细节还必须通过编写文字脚本卡片的形式来描述。如图 8－1 所示。

多媒体课件文字脚本

课件名称：　　　　　　　　　　编号：

课件简介：

教学对象：

教学目标：

教学内容：

教学策略：

编写者：＿＿＿＿＿日期：＿＿＿＿＿第＿＿＿页　共＿＿＿页

**图 8 –1　文字脚本卡片的一般格式**

②制作脚本的编写

文字脚本是按照教学过程的先后顺序，对知识内容的呈现方式进行描述的一种形式，还不能作为课件制作的直接依据。课件的制作，还应考虑所呈现的各种媒体信息内容的位置、大小、显示特点等，所以需要将文字脚本改写成制作脚本。

多媒体课件的制作脚本包括知识单元分析、屏幕设计、链接关系描述等。一般利用脚本卡片来描述每一屏幕的内容和要求，作为软件制作的直接依据。脚本卡片应包括课件名、帧面序号、演示区设计、文本区设计、交互区设计、转移条件等内容，如图 8 –2 所示。

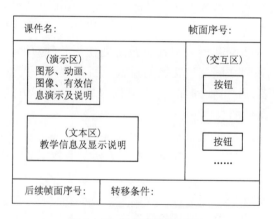

**图 8 –2　通用型脚本设计**

（6）准备素材和课件制作

①准备素材。根据脚本的要求准备各种文本、声音、图形、图像、动画和视频的多媒体

素材，还需要将搜集的各种素材进行加工处理，使素材更生动，要注意色彩的搭配使画面更好看。

②课件制作。使用多媒体程序设计工具，按照脚本，将各种素材进行编排和集成，最终制作出符合要求的多媒体课件。

(7)测试发布

在多媒体 CAI 课件的开发过程中，特别是在开发大型课件的过程中，难免会存在一些疏漏，甚至存在一些逻辑错误。因此，在制作完课件之后，一定要对课件中的每一小块进行反复严密的测试，纠正存在的各种错误和修改不满意的制作内容。然后将课件在不同的硬件性能和不同的软件平台的计算机上运行，对整个课件进行进一步的测试，确保课件的正确运行。通过以上的测试以后，就可以将课件进行打包发布、甚至推广发行，并应用于实际教学过程中。

### 8.1.4　课后思考与练习

了解网络课件的制作流程。

# 8.2　课堂教学型课件的制作

### 8.2.1　实验目的

(1)掌握用 PowerPoint 制作交互式课件的方法。
(2)了解课堂教学型课件的制作流程。

### 8.2.2　实验环境

(1)多媒体计算机，耳麦。
(2)Windows 操作系统。

### 8.2.3　实验内容和步骤

**1. VBA 在 PowerPoint 中的应用**

利用 VBA 在 PowerPoint 中制作的效果如图 8 - 3 所示。

制作过程如下：

①启动 PowerPoint 2010。

②默认情况下，我们在 PowerPoint 2010 现有菜单中是无法找到"控件工具箱"这个工具的，要想调用它，我们还得进行一番设置。用鼠标单击 PowerPoint 2010 主界面左上角的"Microsoft Office 按钮"，然后单击"PowerPoint 选项"。

③在打开的对话框中确保"在功能区显示'开发工具'选项卡"为选中状态。

④单击"开发工具"可见到开发工具选项卡内容。

⑤在开发工具面板上有 11 个常用的 ActivX 控件，可直接选择相应的按钮在幻灯片中添加控件。而播放 Flash 动画的控件没在面板上，单击工具面板的其他控件按钮 ，打开"其他控件"列表，列表中列出了所有注册的可使用的控件。如图 8 - 4 所示。

图 8－3　课件效果图

图 8－4　"其他控件"列表

⑥移动滚动条,单击可实现 Flash 动画播放的"Shockwave Flash Object",单击"确定"按钮。移动鼠标到演示文档上,此时鼠标光标变为"十"字形,在幻灯片中单击,插入此控件。如图 8－5 所示。

**图 8 - 5 在幻灯片中插入控件**

⑦控件大小可以调整八个控制点,控件的位置在幻灯片中也是可以改变的。直接拖动控件可改变控件在幻灯片的位置,拖动控件边框上的控制柄可以改变控件的大小。

⑧指定播放的文件。在控件上单击鼠标右键,选择"属性"命令,打开"属性"对话框。如图 8 - 6 所示,该对话框罗列出了控件的所有属性,如控件大小,Flash 影片是否循环播放,Flash 影片播放时右键是否可用等。在对话框列表中,可直接对控件的属性进行修改设置。

⑨选择当前控件,在"属性"面板中作如下设置:"Movie"中填入所需的 Flash 影片名称,"名称"就用默认的"ShockwaveFlash1",这个名称在后面的 VBA 编程中要用到。若允许循环播放,Loop 属性则设为 True。

⑩插入命令按钮,制作(播放)按钮:在"控件工具箱"中选择"命令按钮",在幻灯片中拖动,即可拖出一个命令按钮。调整好大小,在"属性"面板中作如下设置:"名称"中输入"Cmd_play","Caption"中输入"播放"。

⑪双击该按钮,进入 VBA 编辑窗口,输入如下内容:

```
Private SubCmd_play_Click( )
ShockwaveFlash1. Playing = True
End Sub
```

⑫同样插入命令按钮,调整好大小,在"属性"面板中作如下设置:"名称"中输入"Cmd_stop","Caption"中输入"停止"。

⑬双击该按钮,进入 VBA 编辑窗口,输入如下内容:

```
Private SubCmd_stop_Click( )
ShockwaveFlash1. Playing = Flase
End Sub
```

⑭播放课件,在演示文稿页面上单击播放按钮和停止按钮可以控制动画的放与停。

图 8 – 6　"属性"面板

## 2. 利用 PowerPoint 制作交互式课件

（1）创建新文件

启动 PowerPoint，将新建的文档保存为"解直角三角形应用举例. ppt"文件。

（2）制作课件封面

①选择"格式"|"幻灯片设计"，选择应用设计模板，在列表中选取一个设计模板，并选

择应用到当前幻灯片。

②去掉模板中默认文本框,使用插入艺术字工具制作课件主标题,设置文字格式。完成后幻灯片效果如图 8 - 7 所示。

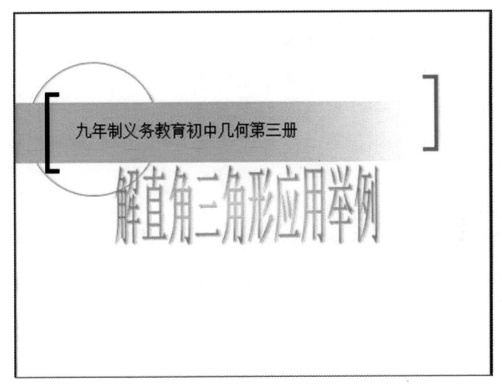

图 8 - 7　课件封面的效果图

(3)导航页幻灯片的制作

具体内容及步骤如下:

①选择"插入"|"新幻灯片"命令插入一个新幻灯片,将幻灯模板换为"Layers"模板,后面的幻灯片都使用该模板。删除掉模板自带的文本框,使用文本框工具创建本页面的标题,将文字颜色设置为"黑色",调整文字的大小,并将文本框放于页面左上角。

②使用文本框工具创建文字"要点回顾",调整文字颜色和大小,并将文本框填充为绿色,设置其边框颜色和线型,得到效果如图 8 - 8 所示。

回顾要点

图 8 - 8　创建一个文本框

③制作其他导航文本框:选择刚才创建的文本框,将该文本框复制 5 个,文本框中的文字分别改为"例题解析""分组讨论""课堂练习""课堂小结"和"退出课件"。调整它们在页

面中的位置，完成所有导航文本框的制作，此时导航页幻灯片如图 8 - 9 所示。

**图 8 - 9　导航页幻灯片**

（4）"要点回顾"幻灯片的制作

具体内容如下："要点回顾"部分幻灯片一共 3 张，插入 3 张新幻灯片，插入的幻灯片将自动沿用上一张的模板样式。

①在导航页幻灯片中将"要点回顾"文本框拷贝到插入的第 1 张幻灯片中，放置在左上角作为此幻灯片的标题文字。

②在"自选图形"|"基本形状"的下级菜单中选择"直角三角形"工具，在页面中绘制一个直角三角形。设置图形的边框和填充色，拖动控制柄改变三角形的大小和方向。

③使用"文本框"工具，为直角三角形添加顶点字母和表示边的字母，并调整文字的样式，最后将它们与图形进行组合。

④使用文本框工具，为页面添加文字，并调整文字的样式和位置，这里为了后面设置自定义动画，每行文字必须放在单独的文本框中。如图 8 - 10 所示。

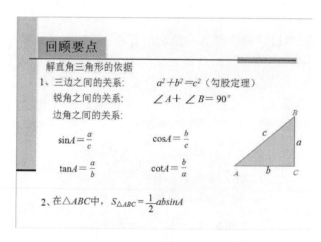

**图 8 - 10　为"回顾要点"添加文字**

⑤课件在使用时，希望对象依次呈现在学生面前，并且授课老师能够控制出场时间，这种要求可采用为对象添加自定义动画方式来实现。按住 Shift 键选择"解直角三角形的依据"文本框和"直角三角形"图形，单击鼠标右键，在菜单中选择"自定义动画"命令打开"自定义动画"任务窗格，单击"添加效果"按钮，选择"进入"菜单下的"擦除"动画效果。在任务窗格中的"开始"下拉列表中选择"之后"，在"方向"下拉列表中选择"自左侧"，在"速度"下拉列表中选择"非常快"，完成对对象的动画设置，如图 8 – 11 所示。

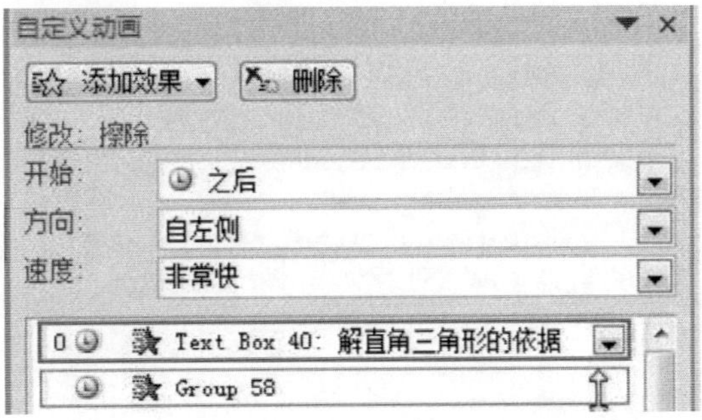

**图 8 – 11　对象自定义动画的设置**

⑥选择"1. 三边之间的关系："文本框，为其添加相同的擦除动画效果，在"开始"下拉列表中，将动画开始的方式设置为"单击时"，如图 8 – 12 所示。

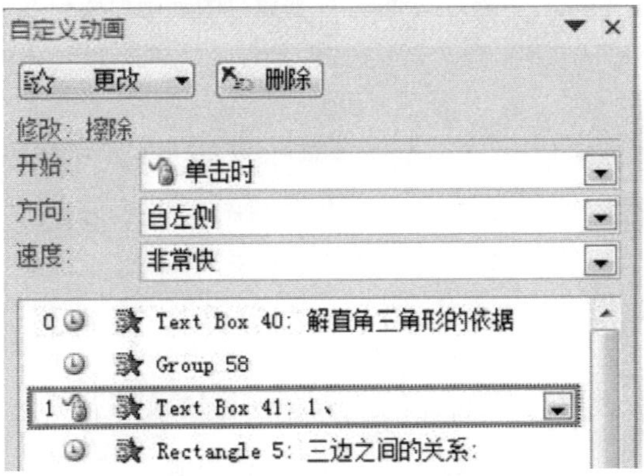

**图 8 – 12　动画开始方式设置为单击时**

通过上面的设置，当"解直角三角形的依据"文字和"直角三角形"图形对象出现后，画面会停顿下来，当单击鼠标后，文字"1. 三边之间的关系"才会出现。

⑦按照与上面相同的方法，根据对象出场顺序，完成此幻灯片所有对象的动画效果设置。这些对象动画开始方式均选择"单击时"，添加动画效果后，在"自定义动画"窗格显示各对象的动画效果设置列表如图 8 – 13 所示。

创建另外两张幻灯片：采用和上面一样步骤，依次在另外两张幻灯片中添加文字和图形，制作依次出现的动画效果，完成"回顾要点"幻灯片的制作。

图 8-13　"自定义动画"任务窗格的动画效果列表

（5）"例题解析"幻灯片的制作

"例题解析"部分包括 3 张幻灯片，该部分课件的要求和"回顾要点"部分一致。首先显示标题、题目和图形，然后按照解题思路依次出现解题的各个步骤文字。在制作时，采用和上面一样的方法，即为不同的对象添加动画效果，根据对象出现的要求设置动画开始的方式为"单击时"或"之后"以实现对出场顺序的控制。

第一张幻灯片的制作：

①在幻灯片中创建幻灯片标题、例题的题目和解答。将题目放在一个文本框中，解答部分每一行放置于一个文本框中，分别调整文字样式和位置。按照出场顺序依次创建动画效果，方法与上面一样。

②绘制题目的配图，但没有添加辅助线。此时，幻灯片的布局如图 8-14 所示。

③绘制三角形的高：幻灯片播放时，希望高线能够在解答交代添加辅助线的文字出现后再出现。首先使用"直线"工具绘制出"高"来。在画出的直线段上单击鼠标右键，在弹出的菜单中选择"设置形状格式"，在线型中选择"短划线类型"，如图 8-15 所示。

④单击工具栏中"自选图形"按钮，在线条列表中选择任意多边形工具，使用该工具在图中垂足处绘制一个折线，调整其大小，并将线条颜色设置为红色。

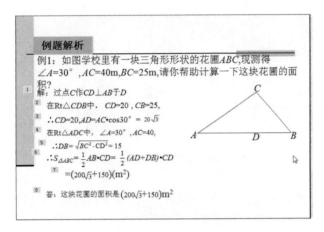

**图 8 – 14　"例题解析"部分第一张幻灯片**

**图 8 – 15　设置虚线线型**

⑤使用文本框工具为垂足添加字母,得到需要的辅助线。如图 8 – 16 所示。

⑥制作辅助线的动画效果:选择图中的虚线用鼠标右键单击,单击弹出的右键菜单中的"自定义动画"命令,在"自定义动画"任务窗口中将动画效果设置为"擦除"。将"开始"设置为"之后","方向"设置为"自顶部","速度"设置为"非常快"。在任务窗格中拖动该动画记录,将其放到"过点 $D$ 做 $CD \perp AB$ 于 $D$"文本框的动画效果记录后,使该文本框的动画效果完

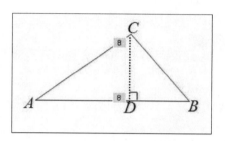

图 8-16　绘制出的三角形的高

成后播放此动画效果。接着按照相同的方法制作垂直符号和文字"*D*"的动画效果，将它们的动画效果记录放到虚线的动画效果记录后，完成例题的辅助线绘制效果的制作。在"自定义动画"任务窗格中这三个对象的动画记录如图 8-17 所示。

图 8-17　对象的动画在任务窗格中的位置

　　⑦其他幻灯片的制作：按照上面步骤，制作其他两张幻灯片，完成本部分 3 张幻灯片的制作。

　　(6)"分组讨论"幻灯片的制作

　　"分组讨论"部分只有一张幻灯片。该幻灯片首先需要学生讨论解决的问题。然后教师单击鼠标显示解决问题的方案。这里的方案有两个，首先依次显示方案 1 的测量工具选择，测量示意图及算法。完全显示后，再次单击鼠标方案 1 显示内容消失。接着，单击鼠标依次显示方案 2 的有关内容。显然，相对于前面的幻灯片而言，这里需增加将方案 1 的文字和图形擦去的动画效果。

①创建标题和题目

使用"文本框"工具创建幻灯片标题，设置文本框和文字的样式。使用"文本框"工具创建题目，设置文字的样式，并改变重点文字的颜色。插入灯塔图片，改变其大小将其放于幻灯片右侧。此时幻灯片如图 8 - 18 所示。

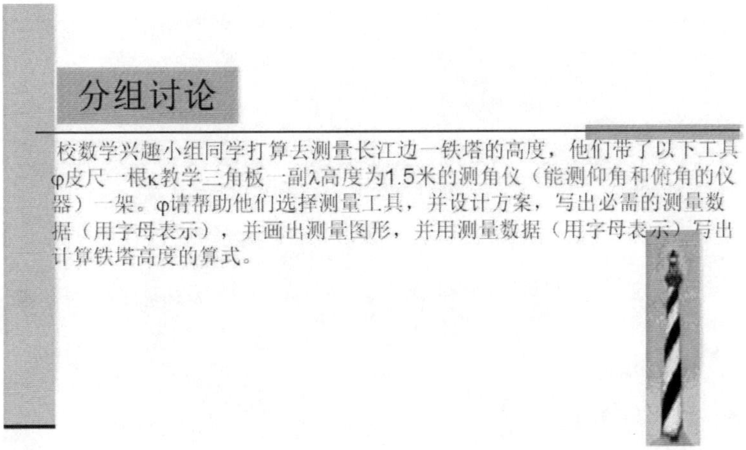

**图 8 - 18　创建幻灯片的标题和题目**

②"方案 1"动画效果的制作

首先在幻灯片中创建"方案 1"的文字和图形，为它们依次创建动画效果，这里的动画效果，仍使用从左侧进入的"擦除"效果。

按住"Shift"键依次单击幻灯片中的"方案 1"的文字和图形，同时选择它们，单击"自定义动画"任务窗格中的"添加效果"按钮，选择菜单中的"退出"命令，在下级菜单中选择一种退出动画效果，这里选择"向外溶解"效果。

在"动画"效果列表中确保第一项"8 Rectangle 11：方案 1"动画效果的开始方式是单击鼠标，将其下方的其他动画效果的"开始"均设置为"之后"，通过这样的设置，当"方案 1"的文字、图形显示完成后，单击鼠标，这些对象会被擦除掉。如图 8 - 19 所示。

③"方案 2"动画效果的制作

在同一个幻灯片中创建"方案 2"的文字和图形，将它们放到和"方案 1"的对象相对应的位置。根据这些对象出场的先后次序，依次为它们设置进入的动画效果及动画效果的开始方式。此时，任务窗格中的动画效果列表如图 8 - 20 所示，这里进入动画效果设置为"擦除"方式，动画开始方式均设置为"单击时"，不需要创建退出动画效果。

按"Shift + F5"快捷键放映此幻灯片，观看演示效果，对效果进行适当调整满意后，完成此幻灯片的制作。

**图 8 – 19　设置显示的对象的擦除动画效果**　　**图 8 – 20　任务窗格中的动画方式列表**

(7)制作"课堂练习"幻灯片

制作"课堂练习"幻灯片：该幻灯片包含两个填空题及其配图。作为练习题，首先应呈现题目及配图，学生完成后教师使用课件给予必要的讲解和提示。根据以上要求，分别创建文字和图形对象，设置各对象的动画效果。如图 8 – 21 所示。

(8)制作"课堂小结"幻灯片

按前面介绍的用相同的方法制作"课堂小结"幻灯片。如图 8 – 22 所示。

(9)导航页面功能的实现

具体操作如下：

回到导航页幻灯片，选择"回顾要点"文本框用鼠标右键单击，选择"超链接"，在弹出的对话框中选择本文档内幻灯片。

打开"链接到幻灯片"对话框，在"幻灯片标题"列表框中选择需要链接的幻灯片，然后点击"确定"按钮，完成此文本框的导航动作设置。

分别对其他文本框进行超链接设置，实现导航功能。

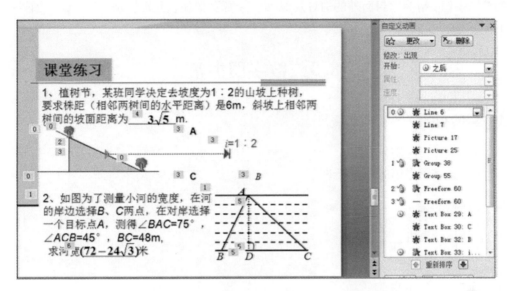

**图 8 – 21　"课堂练习"幻灯片及动画设置**

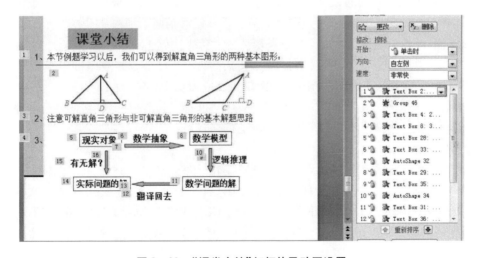

**图 8 – 22　"课堂小结"幻灯片及动画设置**

## 8.2.4　课后思考及练习

通过本实例制作，掌握了用 PowerPoint 制作教学型课件的方法及流程。请同学们在此基础上完成以下功能：

①课件封面修改：课件封面在制作时，常常为文字添加一些效果，如阴影效果、立体效果等，有时还会添加一些动画效果，请为本例文字添加出场动画效果。

②添加背景音乐及控制播放、停止的按钮。

③为课件中的幻灯片添加导航按钮：为了使课件便于操作，常常会在幻灯片中添加用于

翻页的控制按钮。请为除封面外的幻灯片添加三个翻页按钮，分别实现"上一页""下一页"和"回到导航页"功能。

# 8.3　数字图书馆

## 8.3.1　实验目的

（1）掌握电子书的制作方法。
（2）了解数字图书馆的相关概念。

## 8.3.2　实验环境

（1）多媒体计算机，耳麦。
（2）Windows 操作系统。

## 8.3.3　实验内容和步骤

### 1. 电子书的概述

电子书代表人们所阅读的数字化出版物，从而区别于以纸张为载体的传统出版物。电子书是利用计算机技术将一定的文字、图片、声音、影像等信息，通过数码方式记录在以光、电、磁为介质的设备中，借助于特定的设备来读取、复制、传输。

电子图书以其阅读方便，"体积"小，易于传播的特点，已被越来越多的电脑爱好者所喜欢。随着 Internet 的飞速发展，电子出版物网络化已成为现实。

电子书的格式很多，最为常见的是 CHM、EXE 和 PDF 这三种格式，它们各有利弊，制作时应根据资料特点，从易于阅读的角度选择合适的格式。

### 2. 电子书的制作

友益文书软件是一款集资料管理、电子图书制作、翻页电子书制作、多媒体课件管理等于一体的多功能软件。可用于管理 HTM 网页、MHT 单一网页、Word 文档、Excel 文档、幻灯片、WPS 文件以及 PDF、CHM、EXE、TXT、RTF、GIF、JPG、PNG、DJVU、ICO、TIF、BMP、Flash 动画等格式的文件；支持文本、网页、Word 文档的全文搜索，支持背景音乐播放；集成 PDF 阅读功能，不需要安装任何 PDF 阅读器，即可方便阅读 PDF 文件；可方便制作翻页电子书；能生成具有全文搜索、目录搜索、收藏夹等功能 CHM 格式文件；对所管理的资料可直接生成可执行文件，该软件采用视窗风格、目录树结构管理、所见即所得的设计理念，不需要复杂的转换、编译；使用、操作方便，可以自由地添加、删除目录树，可以随心所欲地编辑文档内容，改变字体大小和颜色。

制作步骤：
（1）安装友益文书软件
先从网站上免费下载友益文书软件，解压后便可以使用。软件主界面如图 8-23 所示。
（2）制作电子书
①在左边的"目录"选项框中，单击鼠标右键。
②选择添加目录及添加子目录，并更改目录名称，如图 8-24 所示。

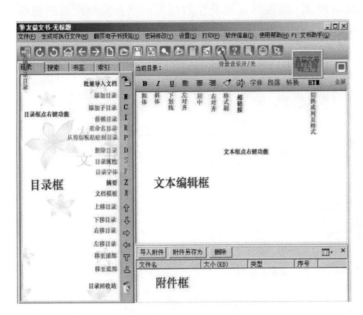

图 8-23　友益文书主界面　　　　　图 8-24　添加目录及子目录并更名

③使用 Word 文档制作电子书：复制 Word 文档内容，粘贴在右边文本框内。如图 8-25所示。

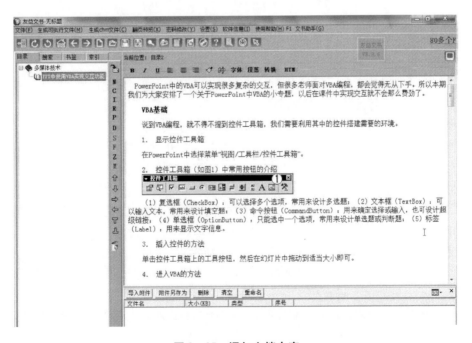

图 8-25　添加文档内容

④使用网页制作电子书：先建好左边目录结构，当处于文本文件编辑模式时，按文本上方最后一个按钮"HTM"就可切换到网页模式，新建目录就是空白网页。当要复制网页里包括图片内容时，就可以先新建个空白网页，然后按"编辑网页"按钮使网页处于编辑状态，就可进行粘贴了。如图 8 – 26 所示。

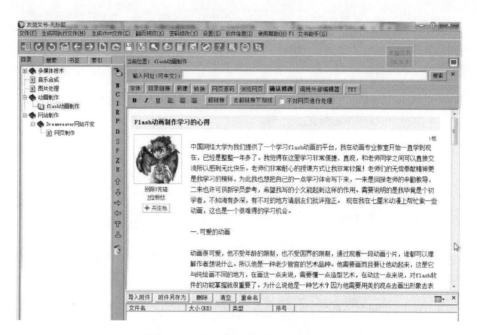

**图 8 – 26　添加网页内容制作电子书**

⑤如果遇到不能复制内容的页面，在"输入网址"后的文本框内，将网址粘贴上，再单击"搜索"键，调入网页制作电子书。

⑥网页有不可编辑状态和可编辑状态，状态通过"编辑网页/浏览网页"按钮切换，可编辑状态网页内的超链接等无效，切换到浏览模式才有效。

⑦编辑网页后请按"确认修改"进行保存，否则数据不会进行保存。

⑧保存或另存为：使用时，在本机最好保存为普通打开方式的 ＊.yws 格式文件，这样方便以后的修改、升级等；对于管理重要文档，最好进行适当的手工备份，只要复制保存的 ＊.yws 文件到其他盘就可以了。

⑨封面设计：可以用图片、文字、动画、网页作为封面；图片支持 GIF 动画格式的图片。点击主界面"设置"菜单，在弹出的"设置"对话框中选择"启动封面"选项卡，点击"导入文件"按钮，选择一图像文件，进行设置，如图 8 – 27 所示。

⑩发布：按"生成可执行文件"图标(exe)或菜单就可生成电子书进行发布了；点"生成chm 文件"菜单，则可导出成 chm 格式帮助文件。

以上只是些基本的操作，如果想制作精美的电子书，还须载入精美的模板，做下美工。

图 8 - 27　封面图片设计

### 8.3.4　课后思考与练习

请在网上搜集计算机发展史相关资料，并制作一个 chm 格式的帮助文件。

# 8.4　网络多媒体课件

### 8.4.1　实验目的

（1）了解网络课件的制作流程。
（2）了解网络教学系统的设计流程。
（3）掌握个人网站的创建方式。

### 8.4.2　实验环境

（1）多媒体计算机，耳麦。
（2）Windows 系统。
（3）Dreamweaver CS6。

### 8.4.3　实验内容和步骤

#### 1. 网络教学课件

网络教学课件实际上就是一个教学网站，其中包括由特定的内容构成的所有网页。形象地说一个教学网站就像一所学校，提供各种教学设施，而一个课件就像学校开设的一门具体课程。教学网站可以开设各种不同的课程(课件)。

#### 2. 教学系统设计

网络教学系统设置登录窗口，专门为注册学生提供身份认证；登录后为注册用户提供各类在线学习的课程，同时提供在线播放，避免纯文字的内容不能引起学习者的学习兴趣。在线播放课件，使教学更真实、更有亲和力。

教学系统设计的操作步骤：

(1)创建并设置页面属性

①先在 D 盘新建一个文件夹"环球教育在线"，启动 Dreamweaver CS6。

②选择"文件"|"新建"菜单命令，在"新建文档"对话框中选择"空白页"，然后在"页面类型"列表框中选取"HTML"选项。

③单击"创建"按钮。

④选择菜单"文件"|"保存"命令，打开"另存为"对话框，在"保存在"下拉列表中选择新建的文件夹，在"文件名"文本框内输入文件名称"index"。

⑤单击"保存"按钮，返回网页编辑窗口。

⑥选择"窗口"|"属性"菜单命令，打开"属性"面板，单击"属性"面板中的"页面属性"按钮，打开"页面属性"对话框。

⑦选择"分类"列表框的"外观"选项，设置字体大小为 12 像素，文本颜色为黑色"#000"，单击"背景图像"右侧的"浏览"按钮，在打开的"选择图像源文件"对话框中选择剪切后的图像"bg. gif"，单击"确定"按钮后，图像路径和名称显示在"背景图像"文本框中。

⑧接着，在左、右、上、下边距文本框中均输入"0"。

⑨在"分类"列表框中选择"标题/编码"选项，在相应的面板"标题"文本框中输入"环球教育在线"，选择编码为"简体中文(GB2312)"选项。

(2)设置 CSS 样式

CSS 样式可以控制网站的整体风格，是网页制作过程中不可缺少的重要部分。操作步骤如下：

①选择菜单"窗口"|"CSS 样式"命令，打开"CSS 样式"面板。

②单击"CSS 样式"面板下方的"编辑规则"按钮，打开"新建 CSS 规则"对话框。

③选择"选择器类型"中的"标签"选项，在下方的"标签"下拉列表中选择"td"选项；在"规则定义"中选择"新建样式表文件"选项，如图 8-28 所示。

④单击"确定"按钮，打开"将样式表文件另存为"对话框，选择 CSS 样式保存的路径，并在文件名的文本框中输入"style"。

⑤单击"保存"按钮后，打开". td 的 CSS 规则定义"对话框，在其中设置字体大小为 12 像素，颜色为"#000"，如图 8-29 所示。

⑥单击"确定"按钮，在"CSS 样式"面板上可以看到新添加了 style. css 文件。单击"CSS

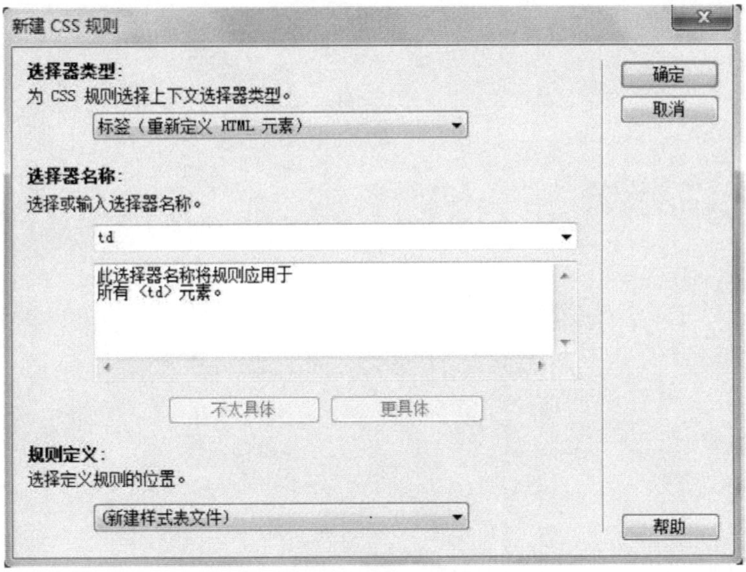

图 8-28　"新建 CSS 规则"对话框

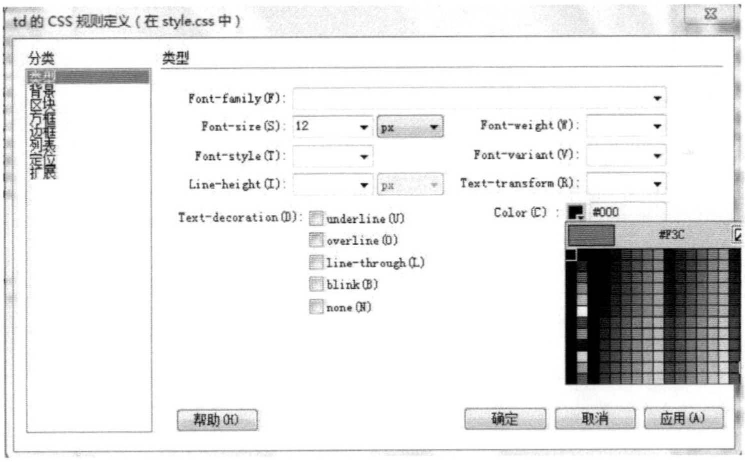

图 8-29　". td 的 CSS 规则定义"对话框

样式"面板上的 style. css 文件,单击右下角的"编辑样式"按钮,打开"style. css 的 CSS 规则定义"对话框。

⑦单击"新建 CSS 规则"按钮,打开"新建 CSS 规则"对话框,可以设置"标签""类"和"ID"和"复合内容"等选择器类型。根据面板上的显示,重复设置后最终得到"CSS 样式"。

CSS 样式文件的内容如下:

```
td {
font - size: 12px;
color: #000000;
```

```
}
body {
font - size: 12px;
color: #000000;
}
. redline {
border: 1px solid CF7ECC;
}
. white {
color: #FFFFFF;
}
a: link {
color: #000000;
text - decoration: none;
}
a: visited {
color: #000000;
text - decoration: none;
}
a: hover {
color: #0033CC;
text - decoration: underline;
}
input {
font - size: 12px;
color: #000000;
}
. big {
font - size: 14. 8px;
}
. contant {
font - size: 12px;
line - height: 18px;
color: #000000;
}
```

（3）制作标题栏和导航栏

制作网站首页的标题栏和导航栏，按如下步骤进行。

①将光标定位在编辑窗口中，单击"插入"面板中的"表格"按钮。

②打开"表格"对话框，在对话框中输入行数和列数均为1，输入表格宽度为778像素，输入边框粗细、单元格边距、单元格间距均为0。

③单击"确定"按钮，在网页中插入表格，选中表格，在其"属性"面板中设置"高"为100，"背景颜色"为白色"#FFFFFF"。

④在表格内单击,选择属性面板"垂直"下拉列表中"顶端"选项,此时光标显示在单元格左上角,单击"表格"按钮,插入 1 行 1 列,宽度为 774 像素,其他设置为 0 的嵌套表格。

⑤选中嵌套表格,在属性面板中设置其居中对齐。将光标定位在表格内,单击"常用"标签中的"图像"按钮,在"选择图像源文件"对话框中选择图像"title. gif"。

⑥单击"确定"按钮,标题图像插入到表格内,如图 8 – 30 所示。

图 8 – 30　插入标题图像

⑦在标题表格下方,插入一个 1 行 15 列,宽度为 774 像素的表格。选中表格,在属性面板中设置表格居中对齐,点击"编辑规则",设置背景图像为 bg_title. gif。

⑧在第 1 个单元格内插入图像 index_1. gif,在第 3、5、7、9、11 单元格内均插入图像 line_gif,在第 13 个单元格内插入图像 join. gif,在第 14 个单元格内插入图像 map. gif,在第 15 个单元格内插入图像 index_2. gif,然后在其他空白的单元格内输入栏目名称,完成效果。如图 8 – 31 所示。

(4)制作主体内容

网页主体分为左、中、右 3 个部分,首先使用表格划分为 3 个区域,然后在每个单元格内分别制作不同区域的内容,具体操作步骤如下:

左边部分的制作:

①在导航栏表格下方,接着插入 1 行 3 列,宽度为 774 像素的嵌套表格。选中表格,在属性面板中设置表格居中对齐。

②光标定位在第 1 个单元格内,插入 13 行 1 列,宽度为 169 像素的嵌套表格。

③按住 Ctrl 键,单击第 1 行单元格,在属性面板中设置其高度为 10 像素。在第 2 行单元格内插入"信息中心"标题图像 title_2. gif。拖动鼠标选中 3 ~ 13 行单元格,在属性面板中设

图 8 – 31　导航栏效果

置单元格背景颜色为灰色"#B6B6B6"。如图 8 – 32 所示。

图 8 – 32　插入标题图像并设置单元格背景颜色

④将光标定位在第 3 行单元格内，打开"属性"面板，选择"CSS"选项卡，点击"编辑规

则", 新建一个 CSS 规则"tdd", 设置背景图像为 bg_left.gif, 并在此单元格内插入 6 行 1 列, 宽度为 150 像素, 单元格边距为 4 的表格。在每个单元格内分别插入小图标 dot_3.gif 以及相应的栏目标题。

　　⑤在第 4 行单元格内插入图像 line_1.gif。在其他单元格中制作两个结构类似的栏目, 效果如图 8-33 所示, 制作方法相似。

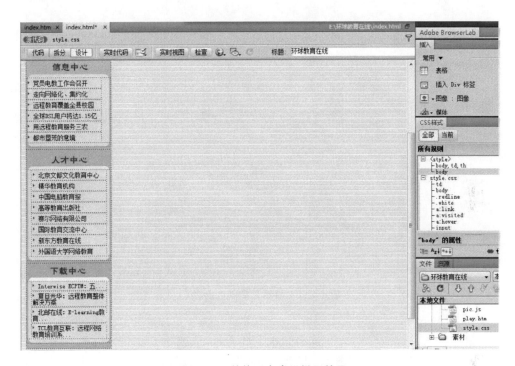

**图 8-33　其他两个类似栏目效果**

中间部分的制作:

　　①左侧栏目制作完成后, 将光标定位在中间单元格内。单击"表格"按钮, 插入 5 行 1 列, 宽度为 411 像素的表格。选中表格后, 在属性面板中设置表格居中对齐。

　　②在第 2 行单元格内插入标题图像 title_5.gif, 在图像右侧有一"更多"文字, 由于文字是制作在图像中的, 因此需要制作热点链接。选中标题图像, 在属性面板中单击"矩形热点工具" 按钮, 鼠标移动在图像上时, 鼠标指针会变成"十"字形, 在"更多"文字位置拖动出矩形, 即可加入热点区域。此时在"热点"属性面板的"链接"文本框中可以修改成需要指向的链接路径。

　　③在第 4 行单元格内插入 6 行 2 列, 宽度为 390 像素的嵌套表格, 选中插入表格并设置为居中对齐。拖动鼠标, 选中所有单元格, 在属性面板中设置单元格高度为 20, 然后在左列单元格内均插入小图标 dot_4.gif, 并输入相应的快讯内容, 在右列单元格内分别输入快讯时间, 完成后如图 8-34 所示。

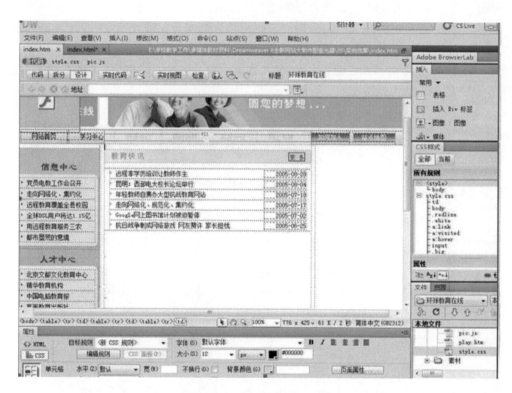

**图 8 - 34　制作教育快讯内容**

④在"教育快讯"栏目表格下方，接着插入 2 行 1 列，宽度为 411 像素的嵌套表格。将光标移动到第 1 列单元格中，单击"图像"按钮，插入"名师在线"标题图像 title_6. gif，同样为图像上的"更多"文字制作热点链接。并选中第一行快讯文本，在属性面板"链接"文本框中输入"play. htm"，制作超级链接。

⑤在第 2 行单元格中插入 4 行 1 列，宽度为 390 像素的嵌套表格，并设置表格居中对齐。在每个单元格内插入小图标 dot_5. gif，然后输入内容标题。

⑥"学生频道"栏目与"名师在线"栏目形式相同，使用同样的方法进行制作即可。

⑦在"学生频道"栏目表格下方，接着插入 2 行 2 列，宽度为 411 像素的表格。选中插入表格后，在属性面板中设置表格居中对齐。在左侧第 1 行单元格中插入"友情链接"标题图像 link. gif；设置左侧第 2 行单元格背景颜色为浅灰色，色标值为"#ECECEC"，并在其中插入 4 行 1 列，宽度为 200 像素的嵌套表格，分别在单元格中插入"列表/菜单"，并设置其中的名称以及列表中的内容。如图 8 - 35 所示。

⑧拖动鼠标选择"友情链接"右侧两行单元格，单击属性面板的"合并所选单元格"按钮，合并单元格后，插入 2 行 1 列，宽度为 150 像素的嵌套表格。分别在两个单元格内插入图像 faq. gif 和 bbs. gif，并为两张图像制作无址链接，即在链接文本框中输入"#"，完成后效果如图 8 - 36 所示。

⑨接下来为步骤⑧中的两张图像制作动态显示效果，即：当鼠标经过图像时，图像闪动显示，这里会用到 JavaScript 代码。按下面步骤，我们制作一个 JavaScript 文件。

**图 8 - 35  制作"友情链接"栏目**

**图 8 - 36  "奖学金"和"留言板"图像插入效果**

⑩选择菜单"文件"｜"新建"命令，打开"新建文档"对话框，选择"空白页"，在"类别"列表框中选择"页面类型"，然后选择"JavaScript"选项。

⑪单击"创建"按钮，新建 JavaScript 文件，在文档编辑窗口内输入以下代码：

```
function trains(id, text){document. all[id]. innerHTML =  ；'+ text}
function trainpic(id, text){document. all[id]. innerHTML = '< img src = "'+ text + '. gif" >'}
function high(which2){
theobject = which2; theobject. filters. alpha. opacity = 0
highlighting = setInterval("highlightit(theobject)", 50)}
function low(which2){
clearInterval(highlighting)
which2. filters. alpha. opacity = 100}
functionhighlightit(cur2){
if (cur2. filters. alpha. opacity < 100)
cur2. filters. alpha. opacity + = 15
else if(window. highting)
clearInterval(highlighting)}
```

⑫完成后，按 Ctrl + S 键保存在 index. htm 同级目录，并命名为 pic. js。

⑬关闭 pic. js 文件，返回首页编辑窗口，选中图像 faq. gif 单击"拆分"按钮。此时分别显示代码和设计窗口，在代码窗口中被选中图像的代码部分被反白显示。

⑭在图像代码输入如下代码：

```
onmouseover = "this. style. filter = 'alpha( opacity = 100)'; high( this)" onmouseout = "low( this)"
```

完成代码显示为：

```
< img src = "images/faq. gif" width = "173" height = "69" border = "0" onmouseover = "this. style. filter = 'alpha( opacity = 100)'; high( this)" onmouseout = "low( this)" >
```

同样，在"留言板"图像代码内也输入相同的代码，完成后代码显示为：

```
< img src = "images/bbs. gif" width = "173" height = "69" border = "0" onmouseover = "this. style. filter = 'alpha( opacity = 100)'; high( this)" onmouseout = "low( this)" >
```

⑮在代码窗口程序中需要调用步骤⑫中创建的 pic. js 文件。这样图像动作才能完成。向上拖动代码窗口的滚动轴，在 < head > … < /head > 代码中输入

```
< SCRIPT language = Javascript src = "pic. js" type = text/javascript > < /SCRIPT >
```

右边部分的制作：

①单击"设计"按钮，显示网页设计编辑窗口。将光标定位在右侧的单元格内，在属性面板"垂直"下拉列表中选择"顶端"选项。

②单击"表格"按钮，插入 2 行 1 列，宽度为 176 像素的表格。设置第 1 行单元格背景为浅灰色"#F1F1F1"，并插入 4 行 1 列，宽度为 160 像素的嵌套表格。在嵌套表格的第 1 行单元格内插入"用户登录"图像 login. gif，在第 2 行、第 3 行单元格内分别输入"用户名："和"密码："，然后选择"插入"面板，"表单"类别，单击"文本字段"按钮，选中插入文本框，在属性面板"字符宽度"文本框中输入 10。在选中"密码"文本框的属性面板中，单击"密码"单选按钮，这样，在网页浏览过程中，当输入密码时，将以星号显示。

③在第 4 行单元格内，插入"确定"和"取消"的图像为 ok. gif 和 cancel. gif。在外层表格第 2 行单元格内输入图像 index_3. gif，完成后效果如图 8 - 37 所示。

**图 8 – 37　插入"确定"和"取消"按钮**

④在"用户登录"表格下方接着插入 3 行 1 列，宽度为 176 像素的表格。设置第 1 行单元格高度为 10，在第 2 行单元格内插入"市场研究"标题图像 title_1.gif，选中第 3 行单元格，在属性面板"背景颜色"中设置背景颜色为浅粉色，色标值"#FBDFFF"。

⑤将光标定位在第 3 行单元格，单击"表格"按钮，插入 3 行 1 列，宽度为 165 像素的嵌套表格，并设置表格居中对齐。在单元格内分别输入相应的内容。

⑥按照步骤④⑤⑥的方法制作栏目"人物专访"和"热点调查"，完成后效果如图 8 – 38 所示。

(5)制作版权信息

网页最后通常都是版权信息内容，而且在设计的时候最好是能够从风格和颜色上与顶部前后呼应。其具体操作步骤如下：

①在主体内容表格下方接着插入 1 行 1 列，宽度为 774 像素的表格。在属性面板中设置表格居中对齐。

②将光标定位在单元格中，选择"插入"面板中的"常用"类别，单击"水平线"按钮，或选择菜单"插入"|"HTML"|"水平线"命令，在单元格内插入一条水平线。

③选中水平线，在属性面板"高"文本框内输入 1。单击"快速标签编辑器"按钮，显示水平线的标签内容，在标签内输入 color = #CF7ECC，设置水平线为粉色。

④在水平线表格下方接着插入 1 行 1 列，宽度为 774 像素的表格。选中表格，在属性面

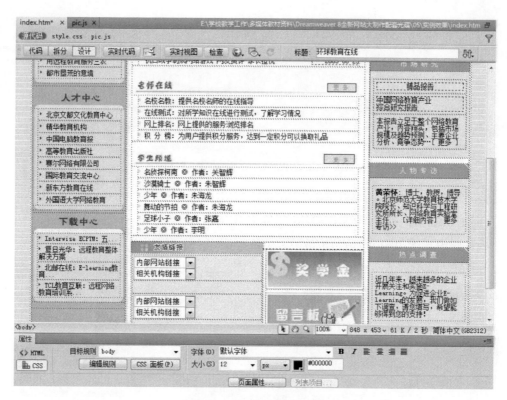

**图 8-38　制作其他栏目内容**

板中设置表格"高"为"51"像素，对齐方式为"居中对齐"，设置背景图像为 bottom. gif。

⑤在单元格内输入版权信息文字，然后选中文字，在属性面板中点击"CSS"，设置"文本颜色"为白色，并单击"居中对齐"按钮。

⑥选择菜单"文件"|"保存"命令，或按 Ctrl + S 键保存页面。

（6）在首页中制作浮动图像

浮动图像被很多网站应用，通过网页中浮动的图片，达到吸引眼球、宣传推广的目的。对于专业网页制作采用 JavaScript 脚本程序调用飘浮图片，浮动比较自然，效果更加完美。制作过程如下：

①在网页 index. htm 编辑窗口中，单击插入面板上"布局"选项的"绘制层"按钮，在页面中插入一个层。

②选中层，在属性面板的"层编号"文本框输入层名称为 neteast；并在属性面板"左"和"上"文本框中输入"0"，在"宽"和"高"文本框中分别输入"126px"和"111px"，如图 8-39 所示。

③将光标放置在层中，单击"插入"面板，点击"常用"类别中的"媒体：SWF"按钮，打开"选择 SWF"对话框，在"images"文件夹中选择制作好的 Flash 文件"button_tk. swf"。

④此时，插入的 Flash 文件是一个异形的图形，在网页中飘动时因为背景效果会不好，因此，在制作时，要设置背景为透明。同时需要在 Dreamweaver 代码中进行设置，单击"拆分"按键，在 Flash 代码部分输入以下代码：< param name = " wmode" value = " transparent" >。

**图 8 – 39　设置层属性**

⑤单击"设计"按钮,返回网页编辑窗口,在页面的空白处单击,选择菜单"插入" | "HTML" | "脚本对象" | "脚本"命令,在弹出的"脚本"对话框"类型"下拉列表中选择 JavaScript 选项。在"内容"文本框中输入以下脚本程序:

window. onload = netease;

var brOK = false;

var mie = false;

var aver = parseInt( navigator. appVersion. substring(0 , 1)) ;

var aname = navigator. appName;

functioncheckbrOK( )

{if( aname. indexOf( " Internet Explorer") ! = − 1)

{if( aver > = 4) brOK = navigator. javaEnabled( ) ;

mie = true;

}

if( aname. indexOf( " Netscape") ! = − 1)

{if( aver > = 4) brOK = navigator. javaEnabled( ) ; }

}

var vmin = 2;

var vmax = 5;

var vr = 2;

```
var timer1 ;
function Chip( chipname, width, height)
{this. named = chipname;
this. vx = vmin + vmax * Math. random( ) ;
this. vy = vmin + vmax * Math. random( ) ;
this. w = width;
this. h = height;
this. xx = 0;
this. yy = 0;
this. timer1 = null;
}
functionmovechip( chipname)
{
if( brOK)
{eval( " chip = " + chipname) ;
if( ! mie)
{pageX = window. pageXOffset;
pageW = window. innerWidth;
pageY = window. pageYOffset;
pageH = window. innerHeight;
}
else
{pageX = window. document. body. scrollLeft;
pageW = window. document. body. offsetWidth - 8;
pageY = window. document. body. scrollTop;
pageH = window. document. body. offsetHeight;
}
chip. xx = chip. xx + chip. vx;
chip. yy = chip. yy + chip. vy;
chip. vx + = vr * ( Math. random( ) - 0.5) ;
chip. vy + = vr * ( Math. random( ) - 0.5) ;
if( chip. vx > ( vmax + vmin) )   chip. vx = ( vmax + vmin) * 2 - chip. vx;
if( chip. vx < ( - vmax - vmin) ) chip. vx = ( - vmax - vmin) * 2 - chip. vx;
if( chip. vy > ( vmax + vmin) )   chip. vy = ( vmax + vmin) * 2 - chip. vy;
if( chip. vy < ( - vmax - vmin) ) chip. vy = ( - vmax - vmin) * 2 - chip. vy;
if( chip. xx < = pageX)
{chip. xx = pageX;
chip. vx = vmin + vmax * Math. random( ) ;
}
if( chip. xx > = pageX + pageW - chip. w)
{chip. xx = pageX + pageW - chip. w;
chip. vx = - vmin - vmax * Math. random( ) ;
}
```

```
if( chip. yy < = pageY)
{ chip. yy = pageY;
chip. vy = vmin + vmax * Math. random( );
}
if( chip. yy > = pageY + pageH - chip. h)
{ chip. yy = pageY + pageH - chip. h;
chip. vy = - vmin - vmax * Math. random( );
}
if( ! mie)
{ eval( 'document. '+ chip. named + '. top  = '+ chip. yy);
eval( 'document. '+ chip. named + '. left = '+ chip. xx);
}
else
{ eval( 'document. all. '+ chip. named + '. style. pixelLeft = '+ chip. xx);
eval( 'document. all. '+ chip. named + '. style. pixelTop  = '+ chip. yy);
}
chip. timer1 = setTimeout( "movechip( '" + chip. named + "')", 100);
}
}
functionstopme( chipname)
{ if( brOK)
{ //alert( chipname)
eval( "chip = " + chipname);
if( chip. timer1 !  = null)
{ clearTimeout( chip. timer1) }
}
}
var netease;
var chip;
functionnetease( )
{ checkbrOK( );
netease = new Chip( "netease", 60, 80);
if( brOK)
{ movechip( "netease");
}
}
```

　　⑥单击"确定"按钮,保存网页后,按 F12 键在浏览器中可看到图像运动。如图 8 - 40 所示。

　　(7)制作课程在线播放网页

　　教育网站中有较多的课程视频文件,使学习者有身临其境的学习环境。下面制作在线播放的二级网页,步骤如下:

　　①二级网页与首页结构相同,我们另存 index. htm 首页文件为 plan. htm。

**图 8－40　网页完成效果**

②用鼠标单击"信息中心"表格的边框处,选中表格,按 Delete 键删除整个表格。然后,拖动鼠标选中"教育快讯"下面的表格,并删除。完成后,合并两个单元格。

③将光标移动到单元格内,在属性面板中"垂直"列表中选择"顶端"选项,再将光标移动到单元格顶部,并单击属性面板中"居中对齐"按钮。

④按回车键,输入标题文本"洋话连篇 第十三集课程"。选中文本后,在属性面板中设置字体大小、颜色。

⑤将光标移动到文本右侧,按回车键,然后插入视频文本。我们需要先把编辑好的 RAM 文件放置到站点文件夹"images"内。

⑥返回到编辑窗口,在"插入"面板下"媒体:SWF"的下拉列表中选择"ActiveX"选项。打开"对象标签辅助功能属性"对话框,单击"取消"按钮,在单元格内插入 ActiveX 标记。选中 ActiveX 标记,在属性面板中设置它的宽为 421,高为 325,在 ClassID 下拉列表中选择"RealPlayer/clsid:CFCDAA03－8BE4－11cf－B84B－0020AFBBCCFA"选项,勾选"源文件"复选框,在后面的文件框中输入 RAM 文件的路径及名称"images/13.ram",在"编号"文本框中输入"vid",属性设置面板如图 8－41 所示。

⑦下面需要进行参数的设置,或直接在代码中编写参数。切换到"折分",选中 ActiveX 插件,代码视图会选中相应的代码,在 < object > … < /object > 代码之间插入参数设置代码,最终代码显示如下:

```
< object id = "vid" classid = "clsid:CFCDAA03 - 8BE4 - 11cf - B84B - 0020AFBBCCFA" width = 421 height = 325 >
    < param name = "_ExtentX" value = "3016" >
    < param name = "_ExtentY" value = "2646" >
```

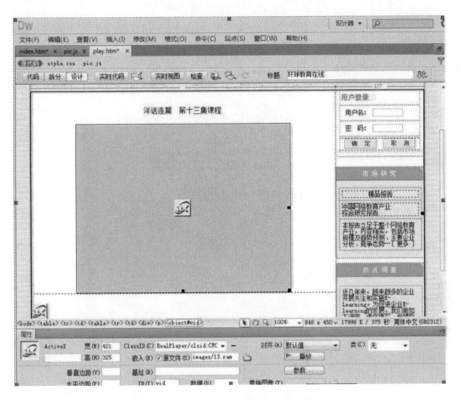

图 8 - 41  ActivX 的属性设置面板

< param name = " AUTOSTART"  value = " − 1" >

< param name = " SHUFFLE"  value = "0" >

< param name = " PREFETCH"  value = "0" >

< param name = " NOLABELS"  value = " − 1" >

< param name = " SRC"  value = " images/13. ram" >

< param name = " CONTROLS"  value = " ControlPanel，Imagewindow" >

< param name = " CONSOLE"  value = " clip1" >

< param name = " LOOP"  value = "1" >

< param name = " NUMLOOP"  value = "10" >

< param name = " CENTER"  value = "0" >

< param name = " MAINTAINASPECT"  value = "0" >

< param name = " BACKGROUNDCOLOR"  value = " #000000" >

< embedsrc = " images/13. ram" width = "71％" height = "325" autostart = " true" align = " middle" >  </ embed >

</ object >

⑧按 Ctrl + S 保存网页，然后，在 IE 浏览器中查看网页效果。

由于篇幅所限，在线练习、在线测试模块的制作与在线播放类似。望学习者进行完善。

## 8.4.4  课后思考与练习

制作一个展示自我的个人多媒体网站。

# 第9章 多媒体技术在商务与政务中的应用

## 9.1 用 Authorware 制作一个小作品

### 9.1.1 实验目的

(1)认识并了解产品展示软件——Authorware。
(2)用 Authorware 设计一个小作品。

### 9.1.2 实验环境

(1)微型计算机。
(2)Windows 操作系统。
(3)Authorware。

### 9.1.3 实验内容和步骤

Authorware 是由 Author(作家;创造者)和 Ware(商品;物品;器皿)两个英语单词组成的,顾名思义为"作家用来创造商品的工具"。Authorware 最初是由 Michael Allen 于 1987 年创建的公司,而 Multimedia 正是 Authorware 公司的产品。Authorware 是一种解释型、基于流程的图形编程语言。Authorware 被用于创建互动的程序,其中整合了声音、文本、图形、简单动画以及数字电影等。

1. 认识 Authorware 7.0 的工作界面

Authorware 7.0 的安装程序按照提示进行安装。启动 Authorware 7.0,打开浏览界面,如图 9-1 所示。

2. 设计一个小作品

(1)启动 Authorware,选择新建"文件",然后选择"不选"以便自定义一个项目。如图 9-2 所示。

(2)选择"图标"工具栏上的"显示"按钮,将其拖动到空白流程线中,并命名为"背景"。

(3)双击"背景"图标,选择"插入"|"图像"命令,将背景图像导入到演示窗口中,并用鼠标拖动图标调整位置。如图 9-3 所示。

(4)在流程线中添加"声音"文件。回到文件,将"图标"工具栏中的"声音"图标拖至流程线,导入声音文件。如图 9-4 所示。

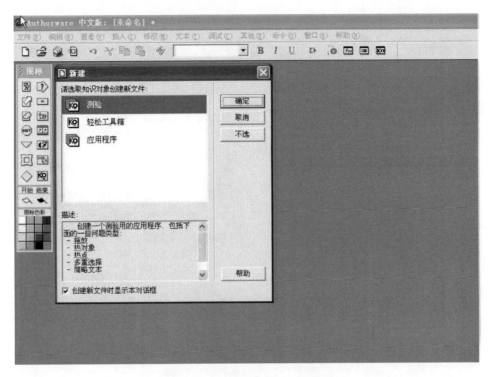

图 9 – 1　Authorware 7.0 工作界面

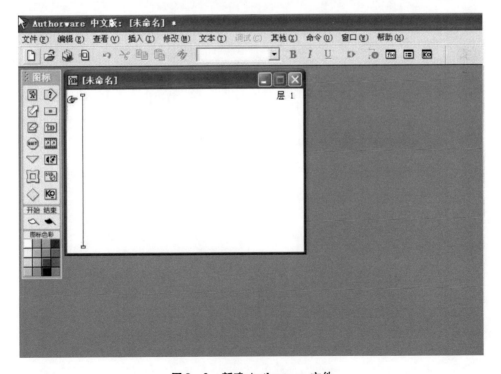

图 9 – 2　新建 Authorware 文件

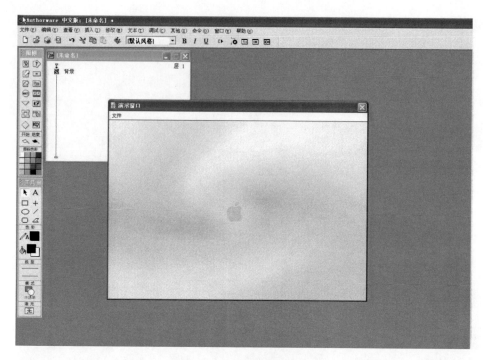

图 9 – 3　创建背景图片

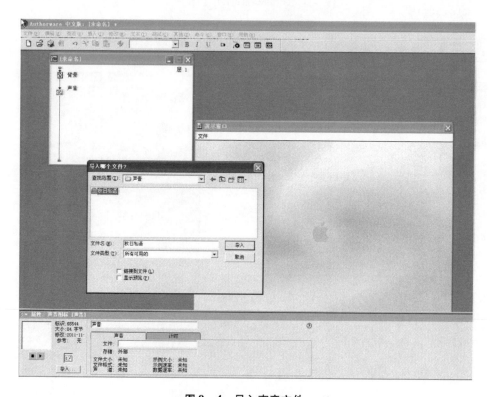

图 9 – 4　导入声音文件

（5）运行作品。选择工具栏中的"运行"按钮。如图 9 – 5 所示。

**图 9 – 5　运行作品**

（6）保存作品。选择菜单栏中的"文件"菜单，然后选择"保存"，保存为"10 – 1. a7p"并查看效果。

### 9.2.4　课后思考与练习

利用 Authorware 软件设置任意数码产品网站的首页。

# 9.2　常见的产品展示制作方法

### 9.2.1　实验目的

（1）了解产品展示软件开发的一般步骤。
（2）掌握展示界面的构成要素。
（3）学会常用的产品展示的制作方法。

### 9.2.2　实验环境

（1）微型计算机。
（2）Windows 操作系统。
（3）Authorware。

### 9.2.3　实验内容和步骤

#### 1. 产品展示软件的开发应遵循的一般步骤
具体而言，大致需经过的步骤如下：
（1）委托方提出展示要求与效果期望；
（2）了解产品的性能特点，准备素材；
（3）设计展示脚本；
（4）制作与调试展示软件；
（5）打包发行，交付使用。

#### 2. 展示界面的构成要素
在 Authorware7.0 开发平台上，展示界面一般可由以下几部分构成：
（1）背景：选用与产品或与商家有关的内容通常是图片作为衬托，主要用来营造展示气氛及弥补整体画面的缺欠。

（2）展示窗口：软件的主体部分。窗口不宜开得过大，要与背景有反差，必要时此窗口也可进行放缩或划分多个部分等变化。

（3）导航系统：展示软件的控制部分。最基本的应能实现向前、向后、穿插、层次间的跳转、超链接以及退出等功能。

（4）展示开关：用以实现展示方式切换、开启展示和停止展示等的控制。

### 3. 常用展示技术

（1）过渡展示

①启动 Authorware，拖动一个显示图标到流程线上，命名为"apple. a7p"，双击该图标，打开演示窗口，导入一幅背景图像。如图 9－6 所示。

**图 9－6　插入背景图片**

②输入展示主题文本"欢迎来到苹果数码商城"，并绘制线条、导入图片加以装饰，最后双击绘图工具栏中的图标符，选定显示图标"background1"中的全部对象，组合成一个图形。

③使用抓图工具抓取组合后的界面，以"apple. jpg"为文件名存入磁盘。如图 9－7 所示。

④在流程线中插入两个"显示"图形，并命名为"图形 1""图形 2"，并将图片导入到"图形 1""图形 2"。

⑤制作过渡效果。单击流程线中的"背景"图形，在下方的"属性"对话框中，选择"特效"|"全部"，将背景的特效设置为"向下滚动展示"，单击"应用"可以查看效果，设置好后单击"确定"。如图 9－8 所示。

⑥制作"图片 1""图片 2"的过渡特效。将"图片 1"的特效设置为"发光波纹展示"，图片 2 的特效设置为"左右两端向中展示"。文件名保存为"10－2. a7p"并查看效果。

**图 9 – 7　"欢迎来到苹果数码商城"图片制作**

**图 9 – 8　设置背景图片过渡效果**

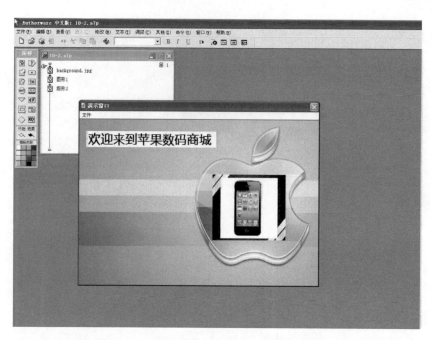

**图9-9　产品过渡展示最终图(非动态效果图)**

(2)队列展示

①启动 Authorware,选择"文件"|"打开 10-2.a7p"。

②添加交互图标。拖动一个交互图标放到主流程线"图标2"之下,命名为"产品队列展示"。如图9-10所示。

**图9-10　添加交互图标**

③添加显示图标。在交互图标中拖入三个显示图标，选择属性为"按钮"并分别命名为"iphone4""nano""ipad2"。如图 9 – 11 所示。

**图 9 – 11　在交互图标下添加显示图标**

④在新建的显示图标中分别插入图片并调整位置和大小。完成后保存作品名为"10 – 3. a7p"。最终作品如图 9 – 12 所示。

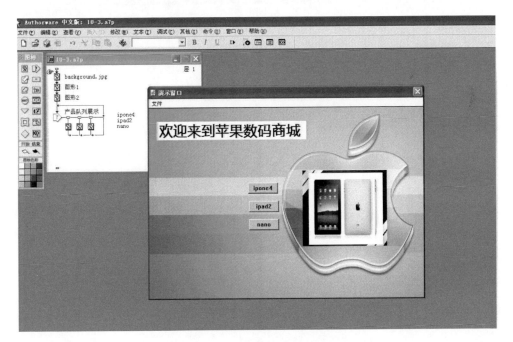

**图 9 – 12　产品队列展示结果图**

### 9.3.4　课后思考与练习

请用 Authorware 设计政府办事大厅总控模块(总控模块设计方案如图 9 – 13 所示)。

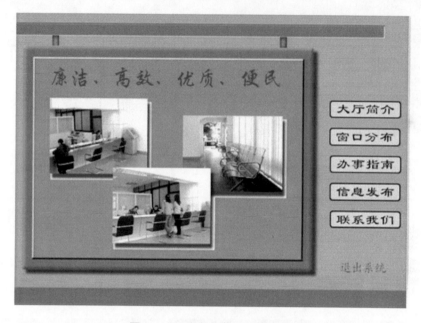

**图 9 – 13　政府办事大厅的设计**

# 参考文献

［1］马华东. 多媒体技术原理及应用(第2版)［M］. 北京：清华大学出版社，2008.

［2］陆芳，梁宇涛. 多媒体技术及应用［M］. 北京：电子工业出版社，2007.

［3］胡晓峰，吴玲达，老松杨，司光亚. 多媒体技术教程(第3版)［M］. 北京：人民邮电出版社，2009.

［4］刘甘娜，翟华伟等. 多媒体应用技术基础［M］. 北京：中国水利水电出版社，2005.

［5］刘甘娜，翟华伟，崔立成. 多媒体应用基础(第4版)［M］. 北京：高等教育出版社，2006.

［6］刘强，张阿敏. 网页设计与制作［M］. 北京：高等教育出版社，2010.

［7］王行恒. 大学计算机软件应用(第2版)［M］. 北京：清华大学出版社，2011.

［8］胡晓峰，吴玲达. 多媒体技术教程(第3版)［M］. 北京：人民邮电出版社，2010.

［9］沈复兴，赵国庆. 多媒体技术与网页制作［M］. 北京：高等教育出版社，2008.

［10］修佳鹏. 多媒体计算机技术实验指导书［M］. 北京：北京邮电大学出版社，2007.

［11］郭俐. Internet及多媒体应用实验指导书［M］. 北京：电子工业出版社，2010.

［12］张丹丹，毛志超. 中文版 Photoshop 入门与提高［M］. 北京：人民邮电出版社，2011.

［13］石雪飞，郭宇刚. 数字音频编辑 Adobe Audition CS6 实例教程［M］. 北京：电子工业出版社，2013.

［14］ACAA 专家委员会 DDC 传媒. Adobe Premiere Pro CS6 标准培训教材［M］. 北京：人民邮电出版社，2013.

［15］数字艺术教育研究室. 中文版 Flash CS6 技术大全［M］. 北京：人民邮电出版社，2013.

［16］李希文，赵小明. 多媒体教学软件设计与制作实验教程［M］. 北京：中国铁道出版社，2011.

［17］冯萍. 软件开发技术［M］. 北京：人民邮电出版社，2011.

**图书在版编目（CIP）数据**

大学计算机软件应用实验教程——多媒体技术与应用实验教程 /
言天舒, 刘强, 彭国星主编.
—长沙: 中南大学出版社, 2016.2
ISBN 978 - 7 - 5487 - 2186 - 4

Ⅰ. 大… Ⅱ. ①言… ②刘… ③彭… Ⅲ. 多媒体技术－高等
学校－教材 Ⅳ. TP37

中国版本图书馆 CIP 数据核字（2016）第 038361 号

大学计算机软件应用实验教程——多媒体技术与应用实验教程

言天舒 刘 强 彭国星 主编

| | | | |
|---|---|---|---|
| □责任编辑 | 胡小锋 | | |
| □责任印制 | 易红卫 | | |
| □出版发行 | 中南大学出版社 | | |
| | 社址: 长沙市麓山南路 | 邮编: 410083 | |
| | 发行科电话: 0731 - 88876770 | 传真: 0731 - 88710482 | |
| □印　　装 | 长沙雅鑫印务有限公司 | | |

| | | | | | |
|---|---|---|---|---|---|
| □开　　本 | 787 mm × 1092 mm 1/16 | □印张 19 | □字数 473 千字 | □插页 |
| □版　　次 | 2016 年 2 月第 1 版 | □印次 2020 年 3 月第 3 次印刷 | | |
| □书　　号 | ISBN 978 - 7 - 5487 - 2186 - 4 | | | |
| □定　　价 | 37.80 元 | | | |